Autoren

Wolfgang Huß
Matthias Kaufmann
Konrad Merz

Beratung in speziellen Fragen:
zu »Hintergrund Vorarlberg, Architektur«:
Johannes Kaufmann, Johannes Kaufmann GmbH , Dornbirn/Wien (AT)
zu »Hintergrund Schweiz, Raummodulbau in Rahmenbauweise, Digitalisierung/Automatisierung«:
Patrick Suter, Erne AG Holzbau, Laufenburg (CH)
zu »Transportfragen«:
Reinhard Hämmerle, Hämmerle Spezialtransporte GmbH, Hard am Bodensee (AT)
zu »Entwicklung in Deutschland«:
Claus Holtmann, Holtmann Messebau GmbH & Co. KG, Langenhagen (DE)

Verlag

Redaktion und Lektorat:
Steffi Lenzen (Projektleitung);
Claudia Fuchs, Eva Schönbrunner

Redaktionelle Mitarbeit:
Michaela Linder, Lena Stiller, Heike Werner

Korrektorat:
Carola Jacob-Ritz

Cover gestaltet nach einem Konzept von
Kai Meyer, München

Zeichnungen:
Ralph Donhauser, Marion Griese, Barbara Kissinger,
Irini Nomikou, Eva Schönbrunner, Nursah Tanritanir

Herstellung/DTP:
Simone Soesters

Reproduktion:
ludwig:media, Zell am See

Druck und Bindung:
Grafisches Centrum Cuno GmbH & Co. KG, Calbe

Ein Fachbuch aus der Redaktion **DETAIL**
DETAIL Business Information GmbH, München
Messerschmittstr. 4, 80992 München
www.detail.de

Bibliografische Information der Deutschen Nationalbibliothek:
Die Deutsche Nationalbibliothek verzeichnet diese Publikation in der Deutschen Nationalbibliografie; detaillierte bibliografische Daten sind im Internet über http://dnb.d-nb.de abrufbar.

ISBN: 978-3-95553-436-3 (Print)
ISBN: 978-3-95553-437-0 (E-Book)
ISBN: 978-3-95553-438-7 (Bundle)

FSC www.fsc.org
MIX
Papier aus verantwortungsvollen Quellen
FSC® C043106

Inhalt

Holzbau
Raummodule

Wolfgang Huß
Matthias Kaufmann
Konrad Merz

DETAIL Praxis

Vorwort

Warum mit Raummodulen aus Holz bauen?
Das mehrgeschossige Bauen mit Raummodulen in Holzbauweise ist in den beiden letzten Jahrzehnten sowohl durch hervorragende Beispiele als auch durch seine Potenziale stärker in den Fokus des Baugeschehens gerückt. Die Gründe für diese Entwicklung sind vielschichtig: Das Bauen mit Holz erlebt – insbesondere wegen seiner ökologischen Qualitäten – einen seit Jahren anhaltenden Boom. Die technischen Möglichkeiten im vorgefertigten Holzbau erweitern sich stetig und die bislang lückenhafte digitale Kette von Entwurf, Konstruktionsplanung und Fertigung schließt sich. Parallel dazu hält der globale Trend der Urbanisierung an und damit verbunden der Bedarf an möglichst schnell bereitzustellendem Wohnraum sowie der Wunsch nach emissionsarmen und zeitlich eng begrenzten, »schnellen« Baustellen in den Städten. Weiter verschärft wird der Engpass beim urbanen Wohnraumangebot durch eine hohe Migrationsdynamik und die zukünftig zu erwartenden Veränderungen des Bevölkerungsprofils sowie des steigenden Wohnflächenbedarfs aus sich ändernden Komfortansprüchen. Diese steigen in Europa seit Mitte des 20. Jahrhunderts stetig und lassen gleichzeitig den Ruf nach kostengünstigem Bauen laut werden. In einer stärkeren Industrialisierung und Modularisierung wird allgemein ein großes Potenzial zur Kostenreduzierung im Bauwesen gesehen. Raummodule in Holz bieten zu all diesen Themen interessante Ansätze.
Flexibilität ist der wesentliche Vorteil von Holzbau-Raummodulen im Vergleich zu Modulkonstruktionen aus anderen Materialien: Die Leichtigkeit des Materials Holz erlaubt den Transport relativ großer Einheiten. Der weitgehend automatisierte Abbund und die Art der Fügung ermöglichen die wirtschaftliche Fertigung auch geringer Stückzahlen und – in einem gewissen Rahmen – bauliche Variation der einzelnen Module. Anders als beim Bauen mit Raummodulen aus Stahlbeton, gibt es keine Einschränkungen durch das Transportgewicht. Auch der Aufwand für die Erstellung von Schalungen, die erst bei relativ hohem Wiederholungsfaktor ökonomisch sind, entfällt. Die systemimmanente Doppelschaligkeit von Wand- und Deckenkonstruktionen ist bei der Holzbauweise im besten Fall kein unnötiger zusätzlicher Mehraufwand, sondern eine effiziente Strategie zur Gewährleistung eines hohen Schallschutzniveaus. Zudem ist die Holzbaubranche traditionell auf das vorgefertigte Bauen eingestellt. Holzbauunternehmen können heute herstellerseitig individuell vorkonfektionierte Bauteile beziehen, der Investitionsbedarf für den Einstieg in die Fertigung von Raummodulen ist damit vergleichsweise niedrig. Für Architekten birgt Holz ein großes architektonisches Potenzial und die Möglichkeit, Rohbau und Ausstattung in einer homogenen Materialität mit hoher haptischer und atmosphärischer Qualität zu gestalten.

Abgrenzung und Begriffsklärung
Dieses Buch beschränkt sich auf die Untersuchung von mehrgeschossigen Raummodulgebäuden in Holz- und Hybridbauweise mit hoher Architekturqualität. Die Bauweise wurde bei allen dargestellten Beispielen projektspezifisch gewählt, weil Architekten und Fachplaner im Holz- bzw. Hybridbau-Raummodul die beste Lösung für die konkrete Bauaufgabe sahen.
Nicht behandelt sind Gebäude, die dem Endkunden als Fertigprodukte von Systemherstellern direkt angeboten werden. Aufgrund geringer Individualisierung und fehlendem Bezug zu den immer spezifischen Rahmenbedingungen sind diese Fertigprodukte vielmehr kritisch zu sehen. Genauso wenig ist »Architektur«

1 Wohnanlage in Jyväskylä (FI) 2016, OOPEAA

aus umfunktionierten Standardcontainern Bestandteil der Betrachtung.
Der Begriff Raummodulbau wird dem in der Praxis häufig verwendeten, aber missverständlichen Terminus Modulbau vorgezogen. Denn Letzterer kann auch für den Einsatz von flächigen Bauteilen verwendet werden, da der lateinische Begriff »modulus« nach seiner ursprünglichen Bedeutung lediglich die maßliche Einheit bezeichnet, aus der in diesem Fall ein Gebäude gefügt ist. Gleichbedeutend mit Raummodul ist die bislang vornehmlich verwendete Bezeichnung Raumzelle, die allerdings die Offenheit und Variabilität der Entwurfsstrategien und Konstruktionen wenig anklingen lässt.

Über das Buch
Das vorliegende Buch hat das Ziel, die konstruktive Qualität und die gestalterischen Möglichkeiten des Bauens mit Raummodulen aus Holz anhand herausragender, realisierter Beispiele zu dokumentieren. Es werden die heute gängigen Typologien beschrieben und darüber hinaus Impulse für weitere Entwicklungen gegeben. Die Gesetzmäßigkeiten von Tragwerk sowie Fügung sind systematisch aufbereitet und es wird gezeigt, dass die gesamte Vielfalt moderner Holzbauelemente für das Bauen mit Raummodulen zur Verfügung steht. Ein eigenes Kapitel widmet sich dem Prozess von der Beauftragung des Planungsteams über die Vorfertigung in der Werkhalle als Zwischenbereich von Industrie und Handwerk bis zur Montage der Raummodule vor Ort.

Die Publikation ist das Ergebnis der Zusammenarbeit eines Architekten, eines Holzbauingenieurs und eines Holzbauunternehmers – den Hauptprotagonisten für ein erfolgreiches Bauprojekt – und stellt den Versuch dar, das Thema gesamtheitlich und integrativ zu betrachten.

1

Entwicklung

1

2

1 Versetzen eines Hennebique-Hauses, 1896
2 Raummodule in Stahlbetonbauweise, Hotel, San Antonio (USA) 1967/1968
3 Variel-System von Franz Stucky

1896: Erstes Raummodul – Nebenprodukt der Industrialisierung im Betonbau
Als die Industrialisierung in der zweiten Hälfte des 19. Jahrhunderts zunehmend auch das Bauwesen erfasst, spielt das Material Holz zunächst nur eine untergeordnete Rolle. Stahl und Stahlbeton sind in Europa die Materialien, auf denen die großen Entwicklungen in der Vorfertigung basieren. Neben einer Reihe von Systemen für flächige Betonfertigteile entstehen auch räumliche Bauteile: Die französische Firma Hennebique stellt 1896 mit einem seriell gefertigten Bahnwärterhäuschen das mutmaßlich erste Raummodul aus Beton her (Abb. 1).
Die erste Hälfte des 20. Jahrhunderts vergeht ohne eine weitere nennenswerte Entwicklung im Raummodulbau. 1930 beschreibt Konrad Wachsmann, der Pionier des industriell vorgefertigten Bauens mit Holz, seine im Unternehmen Christoph & Unmack gesammelten Erfahrungen mit vorgefertigten Holzrahmenelementen im Buch »Holzhausbau – Technik und Gestaltung«[1]. Räumliche Vorfertigung bleibt in diesem Werk unerwähnt. Das rein flächig gedachte General-Panel-System, ein Fertighaussystem, entwickelt Wachsmann zusammen mit Walter Gropius 1941 in den USA. Er beschreibt es zusammen mit vielen anderen neuen Systementwicklungen mit unterschiedlichen Baumaterialien in seinem 1959 erschienenen Werk »Wendepunkt im Bauen«[2]. Auch hier spielt die räumliche Vorfertigung keine Rolle.

1960er-/1970er-Jahre: Raummodul-Euphorie
Maßgebliche Entwicklungen in der Raummodulbauweise finden in der zweiten Hälfte des 20. Jahrhunderts statt. Das industrielle Bauen gewinnt allgemein an Bedeutung. Neben den technischen Errungenschaften liegt das auch an der gesellschaftlichen Begeisterung für technische Neuerungen. Im universitären Bereich wird das Thema der Raumzelle in einer Reihe von Dissertationen und Veröffentlichungen systematisch untersucht. Je nach politisch-geografischem Kontext spielen ganz unterschiedliche Motivationen, Konstruktionen und Materialien eine Rolle: In den USA sind ab den 1960er-Jahren neben Hochhäusern aus Stahlbeton-Raummodulen (Abb. 2) auch Raummodule in Holzbauweise ein Thema. Als Triebfeder erweisen sich die sogenannten Mobile Homes, eine Mischung aus Wohnwagen und Bungalow, die in großer Stückzahl vertrieben werden. Mehrgeschossige Bauten aus Holzmodulen gibt es bis dahin nicht.
Etwa zur selben Zeit wird in der damaligen Sowjetunion mit Stahlbeton experimentiert. Bereits Mitte der 1950er-Jahre werden infolge eines Beschlusses des Zentralkomitees der Kommunistischen Partei ernsthafte Betrachtungen zur Raummodulbauweise angestellt und ab 1959 auch fünf- bis neungeschossige Prototypen realisiert. Das ganz pragmatische Ziel dieser Bemühungen ist es, diese Bauweise im Vergleich zur sich parallel entwickelnden Plattenbauweise hinsichtlich Effektivität und auf volkswirtschaftliche Aspekte hin zu untersuchen. Es werden bis zu 5 m breite Zellen hergestellt, der Transport erfolgt nachts auf gesperrten Straßen.
Auch in Zentraleuropa spielt nach dem Zweiten Weltkrieg der Raummodulbau aus Stahlbeton eine wichtige Rolle. In der Schweiz entwickelt beispielsweise der Architekt und Unternehmer Franz Stucky basierend auf einem ersten Patent aus dem Jahr 1954 [3] mit seiner Firma Elcon ab 1961 das Variel-System (Abb. 3). Das dreidimensionale, offene Raumsystem ist in der Vertikalen wie der Horizontalen addierbar. Es wird gleichermaßen für Wohn-, Schul- sowie Bürobauten eingesetzt und sogar in Nordafrika sowie Südamerika in Lizenz hergestellt.

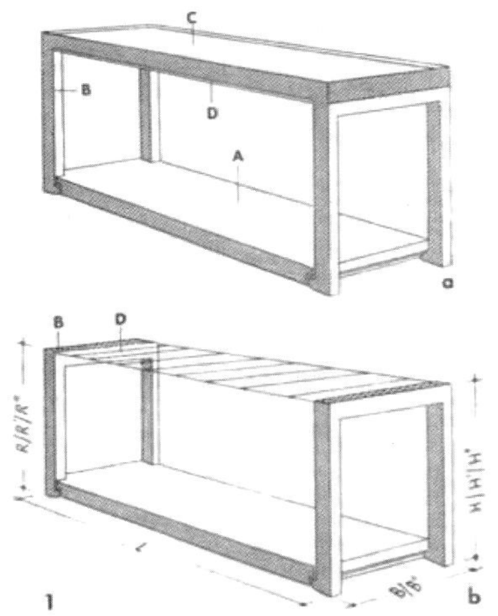

A Bodenplatte
B Frontrahmen
C Dachplatte
D Unterdecke
l = Längen 9600, 8400 mm
b = Br. 2790 mm
b' = Achsmaß 2800 mm
r = Rahmenhöhe 3025 mm
r' = 3188 mm
r'' = 3675 mm
h = Höhe im Licht 2494 mm
h' = 2981 mm
h'' = 3185 mm

3

4

5

In Japan ist in den 1970er-Jahren ein großes Interesse an futuristisch anmutenden Großstrukturen aus Raummodulen erkennbar. Erschließungstürme in Stahlbetonbauweise werden mit Raummodulen in Stahlskelettbauweise kombiniert, die zum Teil mit nicht tragenden Hüllen aus Kunststoff bekleidet sind. Aus diesen Projekten spricht – im Gegensatz zu den rein rationalen Überlegungen des damaligen Ostblocks – der ästhetische Wunsch nach einem innovativ-zeitgemäßen Lebensstil (Abb. 6).
Selbsttragende Kunststoffmodule als Sandwichkonstruktionen (Abb. 4) werden ebenfalls erprobt. Diese Anwendung ist aufgrund der Tragfähigkeit und des Brandverhaltens zumeist auf eingeschossige Pavillons beschränkt. Solche Ideen findet man auch in Deutschland: Ein bekanntes Beispiel hierfür sind die Kunststoff-Sanitärzellen im Sportler- und später Studentenwohnheim im 1972 für die Olympischen Sommerspiele errichteten Olympiadorf in München.
Raummodule aus Holz gibt es in Mitteleuropa spätestens ab den frühen 1970er-Jahren, in aller Regel auf eingeschossige Anwendungen beschränkt. In Norddeutschland entwickelt die Firma Holtmann, ausgehend vom Interesse an vorgefertigter Holzarchitektur, Systeme für holzbasierte Raummodulbauten (Abb. 7). Ab 1972 werden zahlreiche, für temporäre wie auch dauerhafte Nutzung ausgelegte Projekte realisiert. Die Bauaufgaben reichen vom Schulbau bis hin zur Aufstockung eines Krankenhauses. Die Module mit Standardmaßen von 3 × 3 m, 3 × 6 m, 3 × 9 m und 3 × 12 m und einem quadratischen Konstruktionsraster basieren auf einer

6

7

4 Modell eines Pavillons aus tragenden Kunststoff-Raummodulen, 1967, Ralf Schüler und Ursulina Witte
5 temporäres Gebäude, Neuchâtel (CH) 1993, Bauart Architekten und Planer
6 Hochhaus aus Stahl-Raummodulen für temporäres Wohnen, Tokio (JP) 1972, Kisho Kurokawa & Associates
7 Jugendzentrum aus Holz-Raummodulen, Hannover (DE)
8 Bürogebäude der Firma Schindler, Ebikon (CH) 1998, Kündig + Bickel Architekten
a Grundriss Regelgeschoss, Maßstab 1:500
b fertiggestelltes Gebäude
9 Raummodul-Montage, Bürogebäude der Firma Schindler

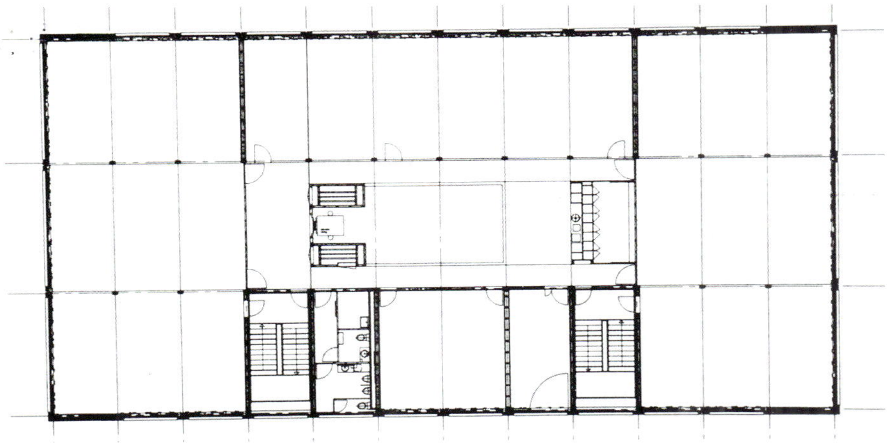

8a

b

Brettschichtholz-Skelettkonstruktion, die mit Rahmenbauelementen ausgefacht ist. Nagelplatten-Fachwerkbinder überbrücken die großen Spannweiten der Decken bei Schulbauten. Andere Unternehmen experimentieren mit faltbaren Raummodulen, um die Transportgrößen zu reduzieren. Zehn Jahre später stagniert die Nachfrage nach den Raummodul-Lösungen; 1985 stellt die Firma Holtmann daher den Geschäftszweig ein. Die Gründe dafür mögen in der generell schwachen Baukonjunktur dieser Zeit liegen. Der durch die geburtenstarken Jahrgänge ausgelöste Bauboom der 1960er- und 1970er-Jahre verlor sich zusehends. Zudem hatte zu dieser Zeit das vorgefertigte Bauen im Allgemeinen aufgrund vieler gesichtsloser Neubauten der 1970er-Jahre mit einem schwierigen Image zu kämpfen.

1990er/2000er-Jahre: Raummodule aus Holz für mehrgeschossige Gebäude

In den 1990er-Jahren wird das mehrgeschossige Bauen mit Holzraummodulen entwickelt. Der veränderbare oder gar temporäre Charakter der Bauten steht dabei anfangs im Vordergrund. Eine Vorreiterrollen nehmen hier die Schweiz bzw. Vorarlberg ein. Mangels Alternativen setzen die Architekten zunächst auf leichte Holzbauweisen wie Skelett- oder Holzrahmenbau. Die ersten Zulassungen für Brettsperrholz werden erst 1998 erteilt. So entwickeln Sturm, Peter + Peter Architekten + Ingenieure in München ab 1994 ein erweiterbares, kostengünstiges, zweigeschossiges Einfamilienhaus aus Rahmenbau-Raummodulen. Die sehr leichte und reduzierte Bauweise ist dank der geringen Schall- und Brandschutzanforderungen im Einfamilienhausbau möglich.

9

Mehrgeschossige Bürogebäude in der Schweiz

Das Schweizer Büro Bauart Architekten und Planer entwickelt zu Beginn der 1990er-Jahre zusammen mit dem Modulhersteller Riedo AG ein System für temporäre, bis zu vier Geschosse hohe Bürogebäude in Holzbauweise. Das sehr flexible System Modular-T basiert auf einem Brettschichtholzskelett und erlaubt durch das planmäßige Auslassen einzelner Stützen unterschiedliche stützenfreie Raumzusammenhänge. Das 1993 fertiggestellte temporäre Gebäude Modular-T beherbergt das Baubüro während des Neubaus für das Bundesamt für Statistik in Neuchâtel sowie Büros und Werkstätten der SBB. Es besteht aus einem aufgeständerten Sockelgeschoss als Verladezone, zwei vollen Bürogeschossen und einem rückspringendem Dachgeschoss und ist aus insgesamt 57 Raummodulen zusammengesetzt (Abb. 5). Als Provisorium geplant, wird es 15 Jahre lang genutzt.

Das auf Holzbauten spezialisierte Ingenieurbüro merz kley partner realisiert mit dem seit den 1970er-Jahren im Raummodulbau erfahrenen Holzbauunternehmen Erne aus dem schweizerischen Laufenburg und den Zürcher Architekten Kündig + Bickel ebenfalls ein dreigeschossiges Bürogebäude, das Verwaltungsgebäude für die Forschungs- und Entwicklungsabteilung des Aufzugherstellers Schindler in Ebikon (Abb. 8 und 9). Das 1999 fertiggestellte Gebäude besteht aus einem ebenerdigen Betonsockel und drei Obergeschossen aus insgesamt 66 Raummodulen. Großen Wert legten die Planer bei der Systementwicklung auf die Flexibilität des Gebäudes: Die Umstrukturierung der Räume, die Erweiterbarkeit in der Vertikalen wie auch leichte Demontierbarkeit und Wiederverwendung an einem anderen Ort waren Rahmenbedingungen. Alle Raummodule sind in Rahmenbauweise

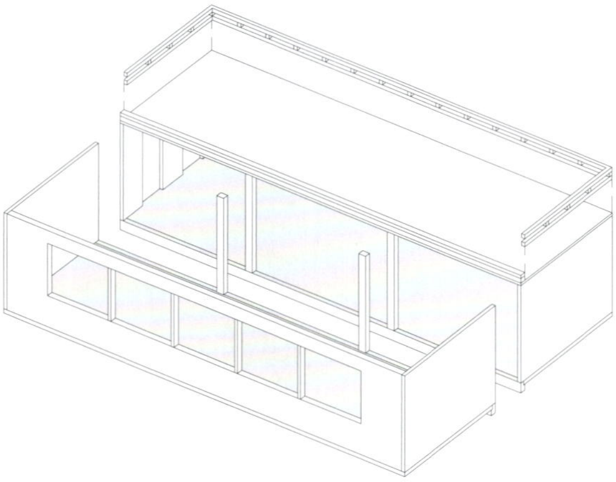

10

11

12

erstellt. Interessant ist die Kombination von flächigen und räumlichen Elementen: Die Decken des Erschließungsflurs rund um das zentrale Atrium sind Bestandteil der Raummodule. Sie kragen aus und bilden auch die Auflager für die geschlossenen Deckenplatten, die in Teilbereichen als flächige Elemente zwischen den Modulen eingehängt sind. Das Gebäude zeigt in der Grundrissgestaltung trotz strenger Rasterung eine große Bandbreite an Einsatzmöglichkeiten von Raummodulen. Die Raumzusammenhänge wirken großzügig, zum Teil sind die zusammengefügten Raummodule an beiden Längsseiten offen.

Entwicklung in der Steiermark
Hubert Rieß, in Graz als Architekt tätig und von 1994 bis 2012 Professor für Entwerfen und Gebäudekunde an der Bauhaus-Universität in Weimar, gilt als Vorreiter in der Entwicklung des Raummodulbaus und verbindet hierbei ein handwerklich geprägtes und prozessorientiertes Denken mit dem Ausloten der typologischen und städtebaulichen Möglichkeiten. In seinen Projekten und theoretischen Studien beschäftigt er sich vor allem mit dem komplexen dreidimensionalen Einsatz von Raummodulen und dem differenzierte Zusammenspiel von Volumen und Freiräumen sowohl bei Neubauten als auch im Bereich der Nachverdichtung. Für eine ortsungebundene Studie aus dem Jahr 2002 entwirft er 64 × 40 × 15 m große »Stadtbausteine«. Diese multifunktionalen Strukturen sind an Fassade und Dach mit einer Hülle aus Wohnmodulen umgeben, die durch Gassen und Plätze erschlossen werden. Im Kern befinden sich öffentliche Nutzungen mit wenig Tageslichtbedarf wie Theater, Kinos etc. Die Multifunktionalität und die räumliche Komplexität spiegeln sich auch in seinem größten ausgeführten Raummodulprojekt wider, dem 2004 fertiggestell-

10 Axonometrie Modulpaar, Impulszentrum Graz (AT) 2004, Hubert Rieß
11 Außenansicht, Impulszentrum Graz
12 Blick in die Höfe, Impulszentrum Graz
13 Erweiterung Hotel Fetz am Bödele (AT) 1997, Leopold Kaufmann
14 Erweiterung Hotel Post, Bezau (AT) 1998, Oskar Leo Kaufmann und Johannes Kaufmann

13

ten Impulszentrum in Graz (Abb. 10–13). Bemerkenswert ist, dass es sich dabei um ein Forschungs-, Labor- und Bürogebäude handelt, obwohl sich Rieß zuvor theoretisch schwerpunktmäßig mit Wohngebäuden beschäftigt hat. Das Projekt ist als Holzhybrid-Gebäude konzipiert: Ein dreigeschossiger um einen Innenhof errichteter Baukörper in Stahlbetonbauweise nimmt die Laborfunktionen auf. Im Innenhof sind die Büroräume als Raummodulstapel platziert. Je zwei dieser Einzelvolumen teilen sich einen untergeordneten, transparent überdachten Hof, zu dem sich die Büroräume orientieren. Jeweils zwei der insgesamt 72 Raummodule mit einer Größe von 3,90 × 12 m, die an einer Längsseite geöffnet sind, bilden eine Büroeinheit. Zwei Stützen an der offenen Seite tragen die Lasten ab.

Entwicklung in Vorarlberg

In Vorarlberg nimmt das mehrgeschossige Bauen mit Raummodulen seit den späten 1990er-Jahren eine eigenständige Entwicklung, deren Dynamik vor allem in der engen informellen Zusammenarbeit von Planern und Holzhandwerk begründet liegt. Der Kreis der beteiligten Akteure ist in den Anfangsjahren überschaubar: Der Architekt Leopold Kaufmann, als Holzbau-Pionier in Vorarlberg bekannt, erweitert 1997 das Hotel Fetz im Skigebiet am Bödele mit einer zweigeschossigen Aufstockung aus insgesamt zehn Raummodulen und baut damit den ersten Holz-Raummodulbau in Vorarlberg (Abb. 13). Diese Raummodule werden nur in der Rohkonstruktion vorgefertigt und erst vor Ort ausgebaut. Fast zeitgleich entstehen 1998 zwei weitere Hotelumbauten: Die Architekten Oskar Leo Kaufmann und Johannes Kaufmann realisieren in Au einen aus 18 Modulen und einem aufgesetzten Steildach bestehenden Anbau des Hotels Krone sowie eine zweigeschossige Aufstockung als erste Erweiterung des Hotels Post in Bezau (Abb. 14). Bei beiden führt – wie im Holz-Raummodulbau immer sinnvoll – die enge Zusammenarbeit von Architekten, Tragwerksplanern und Zimmereien zum erfolgreichen Projekt. Diese Pionierbauten basieren noch nicht auf dem sich parallel entwickelnden Brettsperrholz. Die Erweiterung des Hotels Post besteht aus Rahmenbau-

14

15 

15 Hotel in Holz-Raummodulbauweise, Garching (DE) 2015, Johannes Kaufmann Architektur
16 Übersicht über die zeitliche Entwicklung des Raummodulbaus

wänden und Brettschichtholzdecken. Der werkseitige Vorfertigungsgrad bis hin zur Inneneinrichtung der Zimmer ist bei diesen Projekten bereits sehr hoch. Diese frühen mehrgeschossigen Raummodulbauten belegen, dass gerade für Hotelumbauten im alpinen Raum die schnelle und effiziente Modulbauweise großes Potenzial besitzt: Ein Umbau mit längerem Ausfall des Hotelbetriebs verursacht sehr hohe Ertragseinbußen, zudem ist die frostgefährdete Winterperiode lang und das Risiko von Witterungsschäden am Bestand während der Bauphase dementsprechend hoch. So beginnt das mehrgeschossige Bauen mit Raummodulen in Vorarlberg interessanterweise in der Bestandserweiterung und Aufstockung. Die weitere Entwicklung findet dann vorrangig im Neubaubereich statt und in den Folgejahren werden zunächst kleinere Projekte realisiert. 1999 entwickeln Johannes Kaufmann und Oskar Leo Kaufmann SU-SI, ein Einzelmodul für eine etwa 50 m² große Wohneinheit, das bis heute in vielen Variationen realisiert wird. Erst etwa zehn Jahre später ist ein weiterer Schub in der Entwicklung der Raummodulbauweise zu verzeichnen, initiiert durch den Bau des Alpenhotels Ammerwald bei Reutte im Jahr 2009 (siehe S. 66ff.). Das Projekt ist zwar in Tirol nahe am Plansee gelegen, jedoch von Akteuren aus dem Vorarlberg in integraler Zusammenarbeit konzipiert. Das Projekt wird vielfach publiziert und findet große Beachtung, denn neben der Höhenentwicklung mit insgesamt fünf Geschossen ist die Größenordnung neu: 96 Module werden innerhalb von zehn Tagen auf dem zweigeschossigen Stahlbetonsockel montiert. Die Module bestehen aus Brettsperrholz, dem seit seiner Zulassung nun im Vorarlberger Raummodulbau dominierenden Material, das sämtliche Oberflächen der Hotelzimmer bildet. Auch der Boden der Module besteht aus Brettsperrholz, ist ohne weiteren Aufbau belassen und so gleichzeitig Rohbau und Gehbelag.

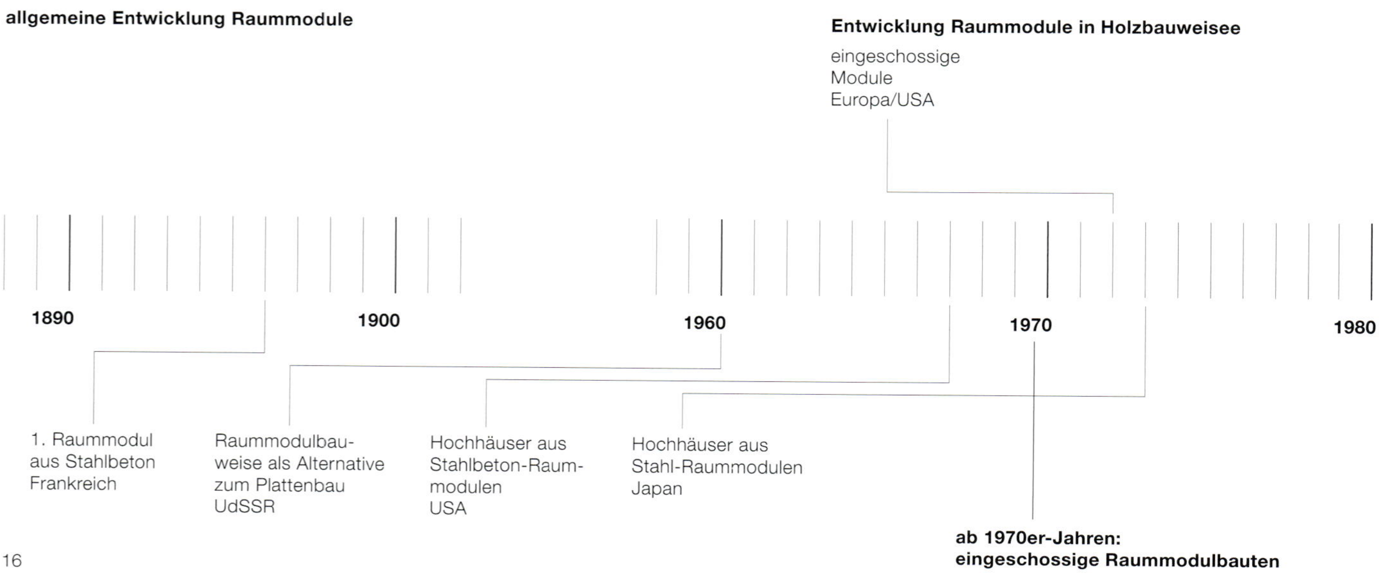

16

In den Folgejahren entsteht eine Reihe von mehrgeschossigen, großvolumigen Projekten. In Vorarlberg produzierte Raummodule werden zunehmend nach Deutschland und in die Schweiz exportiert, wie das aus 171 Modulen bestehende 2016 eröffnete Hotel Soulmade in Garching bei München von Johannes Kaufmann zeigt (Abb. 15). In Kooperation von Holzbau und Tragwerksplanung aus Vorarlberg mit deutschen Architekten entstehen nun zahlreiche Projekte, wie z. B. die Europäische Schule in Frankfurt am Main (2015) von NKBAK – erstmals mit vorgefertigten Raummodul-Treppenhäusern (siehe S. 102ff.), die 2016 realisierten Flüchtlingsunterkünfte in Hannover, von MOSAIK architekten geplant (siehe S. 94ff.), oder auch das Studentenwohnheim Woodie in Hamburg (2017) von Sauerbruch Hutton (siehe S. 80ff.).
Der aktuelle Flüchtlingszustrom ist neben dem ohnehin hohen Bedarf an leistbarem Wohnraum auch in Vorarlberg selbst ein Motor für Raummodulbauten. Der Architekt Johannes Kaufmann hat bereits eine ganze Palette von Systemen für Wohnungen unterschiedlicher Standards entwickelt. Eine richtungsweisende Realisierung ist die 2016 umgesetzte Anlage »Wohnen 500« in Mäder (siehe S. 92f.). Kostengünstiges Bauen wird bei diesem Projekt mit einem hohen ökologischen und gestalterischen Anspruch verbunden. Das Gebäudekonzept soll wiederholt umgesetzt werden; zwei weitere Komplexe in Feldkirch in Vorarlberg und Höchst bei Frankfurt sind bereits fertiggestellt.

2018: Status quo

Die Raummodulbauweise in Holz hat sich als eigener Lösungsansatz für Mehrfamilienhäuser, Wohnheime, Hotels, Schulen und Bürogebäude bewährt und erobert weiterhin neue Dimensionen: Projekte in der Größenordnung von 200 bis 300 Modulen sind keine Seltenheit mehr. Die Bauweise entwickelt sich auch in die Höhe: Beim Wohngebäude Puukuokka in Finnland (2015) von OOPEAA sind sieben bzw. acht Geschosse in reiner Modulbauweise gestapelt (siehe S. 86ff.), das Hotel Jakarta in Amsterdam (2018) von SeARCH weist sogar neun Geschosse aus Holz-Raummodulen auf. Mit einer Mischkonstruktion aus primärem Holzskelett und eingestellten Raummodulen auf einem Sockelgeschoss aus Stahlbeton erreicht das Treet in Bergen vierzehn Geschosse (siehe S. 77ff., 2015). Die konstruktive Zusammenarbeit von engagierten Architekten und Fachplanern mit innovativen Holzbauunternehmen hat zu einer Reihe von hervorragenden Architekturprojekten geführt.

Anmerkungen:

[1] Wachsmann, Konrad: Holzhausbau. Technik und Gestaltung. Berlin 1930
[2] Wachsmann, Konrad: Wendepunkte im Bauen. Wiesbaden 1959
[3] Das Werk. Architektur und Kunst 04/1966, S. 132

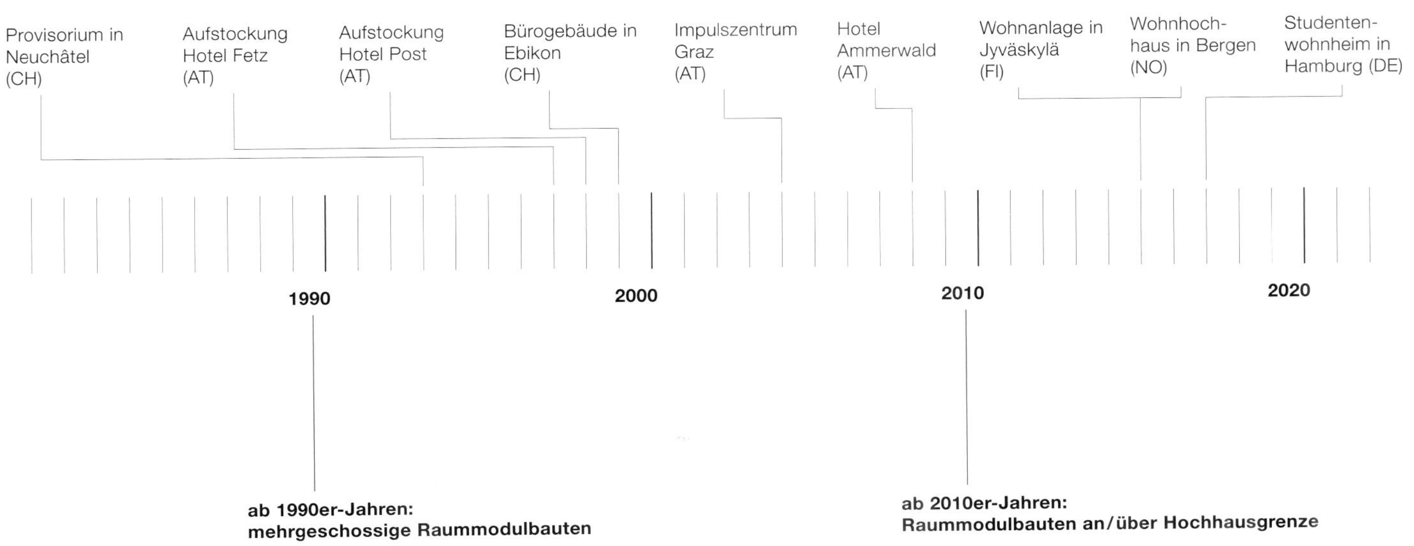

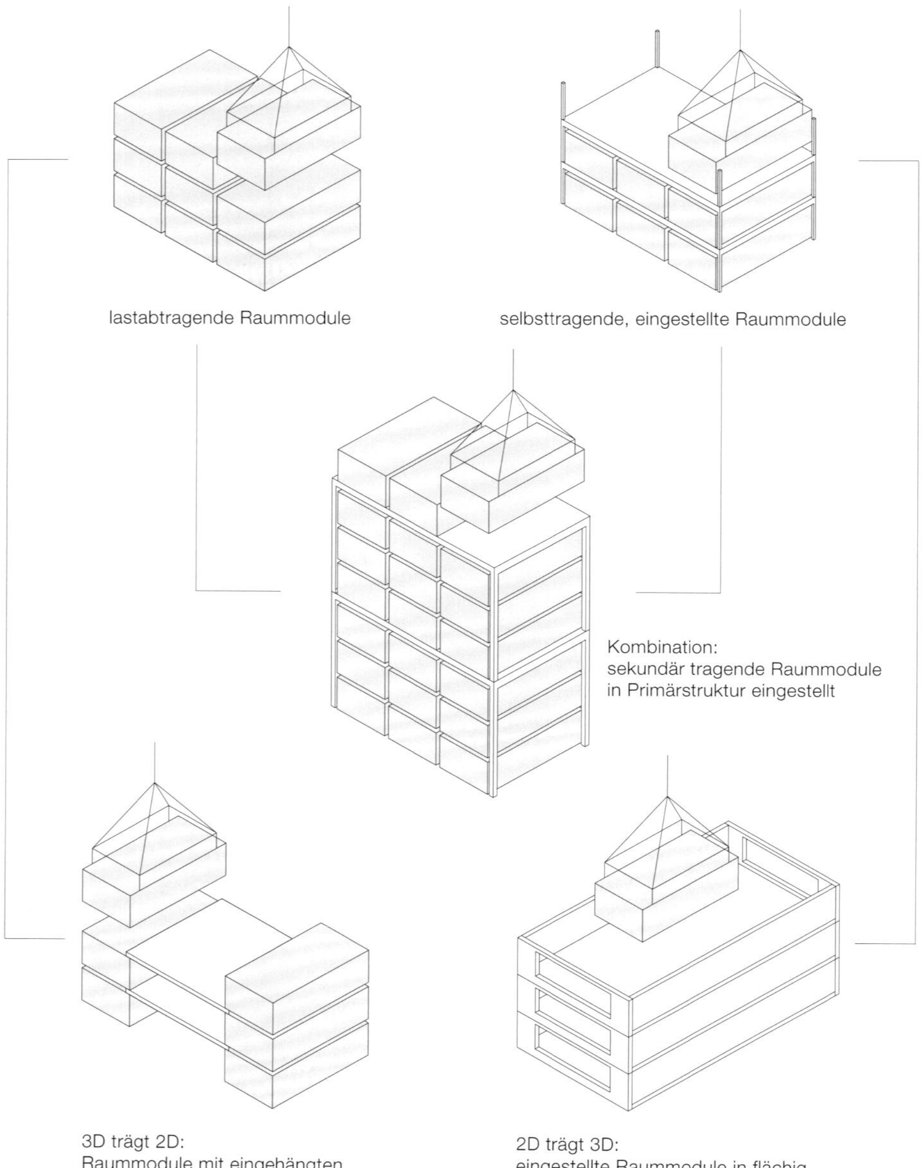

1

1 Typologie Tragwerkshierarchie
2 Sanitär-Raummodule in flächig vorgefertigtem Holzbau, Wohngebäude – Parkplatzüberbauung, München (DE) 2016, Florian Nagler Architekten
a Grundriss Maßstab 1:200
b Anlieferung der Sanitär-Raummodule
3 Aufzugsschacht aus Brettsperrholz als vorgefertigtes, eingestelltes Raummodul, Kampa Verwaltungsgebäude, Aalen-Waldhausen (DE) 2014, Florian Nagler Architekten und Kampa GmbH
4 Kombination von tragendem Holzskelett und eingestellten Raummodulen, Wohnhochhaus Treet, Bergen (NO) 2015, ARTEC

Entwerfen mit Raummodulen

Der Prozess der Vorfertigung prägt das Entwerfen im Raummodulbau so stark wie in keiner anderen Bauweise. Die Entscheidung für Raummodule muss bereits zu Beginn der Entwurfsphase getroffen werden, da das Raumgefüge immer der Logik des Moduls folgt. Die starken räumlichen Vorgaben, die die Bauweise vorgibt, prägen den gesamten Entwurfsprozess. Während das Entwerfen von Grundrissen mit abgeschlossenen Raumzellen (z. B. Hotelzimmer, Apartments) gut strukturierbar ist, gestaltet sich das Entwerfen mit offenen Raummodulen (z. B. Wohnungen über mehrere Module) relativ komplex, da die räumlich-funktionalen Anforderungen mit den Modulgrenzen in Übereinstimmung gebracht werden müssen. Die Vielfalt möglicher Lösungen ist dabei unbegrenzt.

Tragwerkshierarchie und Raumbildung – Tragende und eingestellte Raummodule

Raummodule sind in der Regel schon aus der Notwendigkeit des Transports heraus stabil genug, um ihr Eigengewicht abzutragen. Nicht immer jedoch sind die Module so konzipiert, dass sie über mehrere Geschosse hinweg übereinandergestapelt die Lasten aus anderen Modulen aufnehmen und weiterleiten können: Es gibt also die Grundtypen des tragenden und des eingestellten Raummoduls (Abb. 1).
Der häufigste Fall des eingestellten Moduls ist die Sanitärzelle, die auf die Rohdecke vorgefertigter Holzbauten oder auch massiver Bauten gestellt wird (Abb. 2). Dabei besteht die Konstruktionsstrategie darin, die hochinstallierten Bereiche als Raummodul komplett vorzufertigen und die entsprechend einfacheren Elemente flächig auszuführen. Die konstruktive Herausforderung liegt in der Ausbildung geringer Aufbauhöhen, um auf Bodenniveau einen möglichst

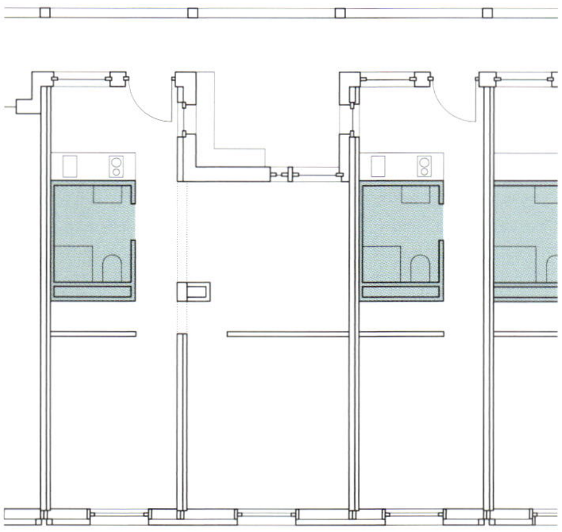

2a

b

3

schwellenlosen Übergang von der Zelle in den Raum zu gewährleisten und die lichten Raumhöhen zu maximieren. Typische Anwendungen sind Bäder in Wohnheimen, Apartments, Krankenhäusern und Hotels.
Denkbar ist auch ein Einsatz von eingestellten Raummodulen in offenen Skelettstrukturen, um beispielsweise in Großraumbüros die notwendigen Nebenfunktionen nach dem Raum-im-Raum-Prinzip zu organisieren.
Wesentlich häufiger als in Holz werden diese eingestellten Module in Leichtbauweise aus Stahlprofilen und Trockenbauplatten oder mit sehr dünnen Stahlbetonwänden hergestellt.
Eine weitere Variante des eingestellten Raummoduls stellen Aufzugsschächte dar, die zur schallschutztechnischen Entkoppelung unabhängig vom übrigen Tragwerk des Hauses konzipiert sind und dank der dreidimensionalen Vorfertigung mit Brandschutzbekleidungen und der vorinstallierten Schienentechnik auf der Baustelle eintreffen (Abb. 3).
Eine interessante Bauweise stellt das 2015 fertiggestellte Hochhausprojekt in Bergen dar: Ein regalartiges, primäres Holzskelett nimmt die Vertikal- und Horizontallasten der 14 Modulgeschosse auf (Abb. 4 und S. 77ff.). Jedes fünfte Geschoss ist als Sondergeschoss mit einer tragenden Plattform ausgebildet, auf die je vier Geschosse Raummodule gestapelt werden.
Eine potenzielle Weiterentwicklung dieser Idee wäre die Kombination von gefüllten und frei belassenen »Regalbereichen«, um weitere räumliche Möglichkeiten dieses Konstruktionsprinzips zu nutzen und beispielsweise offene Zwischengeschosse, mehrgeschossige Hallen, geschossweise Abtreppungen etc. zu realisieren.
Bei sehr vielen Raummodulbauten tragen die Raummodule die Last aus flächigen

4

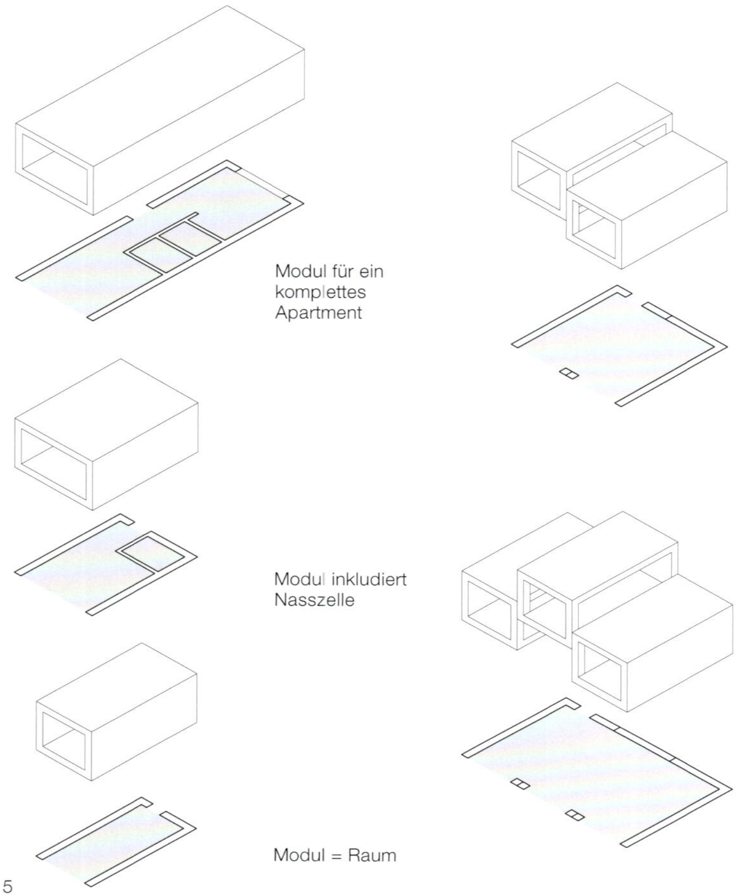

5

6

7

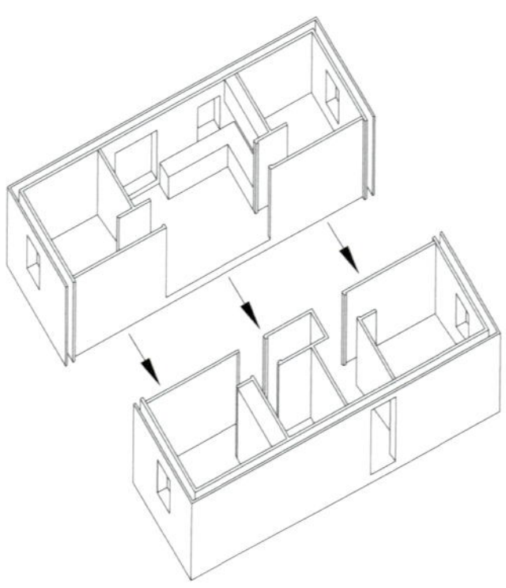

8a

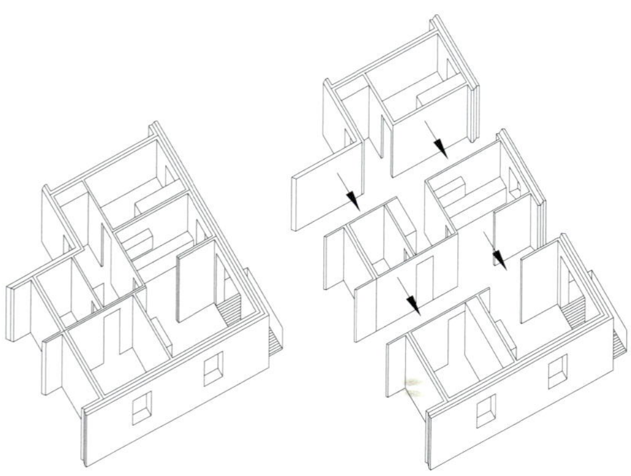

b

5 Typologie Verhältnis Raum – Modul
6 Gruppenbüro aus zwei Raummodulen zusammengesetzt, Impulszentrum Graz (AT) 2004, Hubert Rieß
7 Klassenzimmer aus drei Raummodulen zusammengesetzt, Europäische Schule, Frankfurt am Main (DE) 2015, NKBAK
8 Wohnungen aus Raummodulen, Johannes Kaufmann Architektur
   a Wohnung aus zwei Raummodulen, System »Wohnen 400«
   b Wohnung aus drei Raummodulen, System »Wohnen 500«
9 Raummodul als Sonderform, stapelbare Minimalbehausung, Ofis Arhitekti
   a Kombinationsmöglichkeiten
   b Nutzung als öffentliche Bibliothek, Ljubljana (SI) 2017

Elementen mit ab. Häufig ist das bei typischen Mittelflurtypen im Bereich der Erschließung der Fall. Das Konstruktionsprinzip bleibt jedoch nicht notwendigerweise auf diese Anwendung beschränkt, eine Vielzahl von Kombinationen aus flächigen und dreidimensionalen Elemente ist denkbar. Aus diesen Überlegungen heraus könnten durchaus neue Typen von Modulbauten entstehen. Beim Bürogebäude der Firma Schindler in Ebikon ist dieses Prinzip beispielhaft in den großzügigen Mittelzonen ausgeführt (siehe Abb. 8a, S. 11).

Verhältnis von Raum zu Modul

Der ursprüngliche Typ des Raummoduls ist die direkte Abbildung eines – sich meist wiederholenden – Raums in einem Modul. Eine erste Erweiterung stellt die Integration einer Nasszelle in das Modul dar. Damit ist der wohl am häufigsten verwendete Typus des Raummoduls bereits beschrieben, der in leichten Variationen in Hotels, Wohn- und Pflegeheimen oder Krankenhäusern zur Anwendung kommt.

Raummodule werden heute jedoch wesentlich vielfältiger eingesetzt. So lassen sich in großen, durchgesteckten Raummodulen ganze Apartments organisieren. In diesem Fall stimmt die Nutzungseinheit mit der Modulgrenze überein – eine aus Gründen des Schall- und Brandschutzes besonders effektive Typologie (siehe »Schichtenaufbau«, S. 36ff.). Mehrere Module ergeben zusammengesetzt größere Wohnungen. Damit ist eine fast unbegrenzte Varianz von Wohnungstypen abbildbar (Abb. 5). Die Trennung der Module erfolgt häufig senkrecht zur Fassade analog zum Wohnungsbau in Schottenbauweise (Abb. 8; siehe auch Wohnanlage »Wohnen 500« in Mäder, S. 92f.).

Bei der Wohnanlage Puukuokka im finnischen Jyväskylä hingegen sind die

Wohnungen in Umkehrung dieses Prinzips aus zwei parallel zur Fassade liegenden Raummodulen zusammengesetzt. Das innenliegende, dienende Modul nimmt alle Installationen auf, die vom Mittelgang aus revisioniert werden können, das außenliegende beherbergt die Aufenthaltsräume (siehe S. 86ff.). Werden Wohnungsteile über zwei Module nur über Türöffnungen oder Durchgänge verbunden, lassen sich diese meist inklusive des Bodenaufbaus vorfertigen, vor Ort werden dann nur die Rahmen der Öffnungen geschlossen.
Im Bürobau wie auch bei Schulen und Kindertagesstätten hat sich die Strategie etabliert, große Räume wie Klassenzimmer oder Gruppenbüros aus mehreren Modulen zusammenzusetzen (Abb. 6 und 7). In diesem Fall ist es notwendig, den Bodenaufbau nachträglich einzubringen, damit die Fugen zwischen den Modulen sich nicht im Bodenbelag abzeichnen.
Neben dem rein orthogonalen Schichten von Kuben sind auch Sonder- und Freiformen von Raummodulen möglich. In Konstruktion und Produktion unterscheiden sich solche Typen stark von den eher systematisierten Standardlösungen. Sie bedingen eine sehr individuelle Fertigungsplanung und stellen daher eher die Ausnahme dar. Erwähnenswert in diesem Zusammenhang ist die vertikal und horizontal stapelbare Minimalbehausungen des slowenischen Büros Ofis Arhitekti (Abb. 9).

Erschließungstypologie
Die Erschließung ist auch im Bauen mit Raummodulen von entscheidender Bedeutung, da sie die Qualität und Gestalt des Gebäudes wesentlich prägt. Denn mit dem geeigneten Erschließungssystem kann auch ein sehr stringent modular aufgebautes Gebäude räumliche Komplexität und Qualität entwickeln.

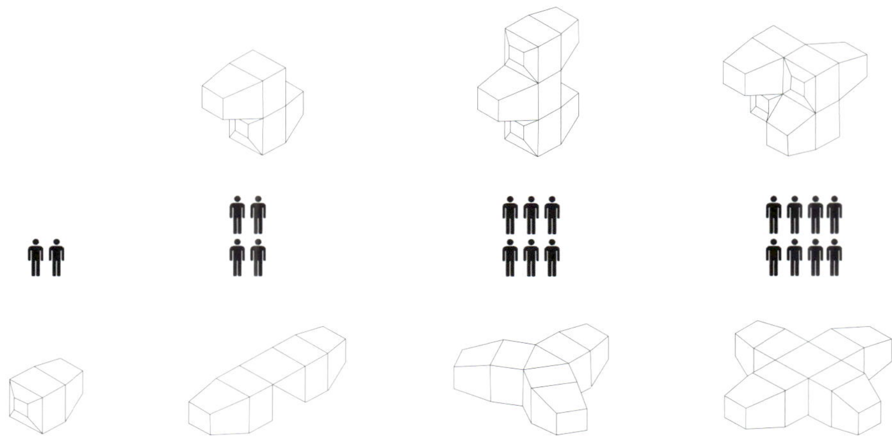

a

9b

Lineare Typologien
Lineare Erschließungen von perlenkettenartig aufgereihten Raummodulen sind insbesondere für Gebäudetypen mit vielen kleinen Nutzungseinheiten prädestiniert (Abb. 10). Das trifft für Apartmenthäuser, Hotels, Wohn- und Pflegeheime gleichermaßen zu, die sich im Wesentlichen nur durch den unterschiedlichen Bedarf an Nebenräumen und Gemeinschaftsbereichen unterscheiden. Die Grundtypologien bilden der Mittelflur- und der Laubengang. Die Möglichkeiten sind hier jedoch in keiner Weise nur auf diese relativ starren Stereotypen begrenzt. Durch Aufweitung, Öffnung, Verschiebung, Auffächerung sowie den Wechsel zwischen außen- und innenliegender Erschließung entstehen räumlich interessante Grundrissfiguren, die sich mit Raummodulen problemlos abbilden lassen (siehe Europäische Schule in Frankfurt am Main, S. 102ff.). Ein wesentlicher Vorteil der linearen Erschließung ist die Möglichkeit, ringartige Flucht- und Rettungswege anbieten zu können. In diesem Fall sind zwei unabhängige Fluchtrichtungen gewährleistet. Insbesondere in den höheren Gebäudeklassen kann das im Brandschutzkonzept ein wichtiges Argument für die Holzbauweise darstellen.

Punktuelle Typologien
Rein punktuelle Erschließungen sind im Raummodulbau seltener und bieten auch weniger Varianz, da sich an den Erschließungspunkt nur eine begrenzte Anzahl von Einheiten anschließen lässt (Abb. 11). In Kombination mit linearen Erschließungselementen ergibt sich eine Vielzahl von Varianten, beispielsweise durch die Aufweitung des Treppenhauses zu einem innenliegenden Atrium.
Interessant ist das kompakte Punkthaus insbesondere bei der Kombination von Nutzungseinheiten aus mehreren Raummodulen (siehe Wohnanlage »Wohnen 500« in Mäder, S. 92f.), da das Verhältnis von Erschließungs- zu Nutzungsfläche hier sehr effizient ist und sich die entwurfliche Varianz erheblich aufweitet.

Kombinationen von Raum- und Flächenmodulen im Wohnungsbau

Eine intelligente Kombination von Raummodulen und flächigen Elementen – ein bislang noch wenig beschrittenes Feld im Holzbau – vereint die Vorteile der beiden Bauweisen: Während sich Raummodule insbesondere für komplexe, hochinstallierte Bereiche anbieten, erlauben flächige Elemente sehr einfach offene Raumkonfigurationen und weitgespannte Konstruktionen. Das hohe Schallschutzniveau der doppelschaligen Raummodulbauweise lässt sich bei solchen Kombinationen optimal ausnutzen, wenn sich die Module explizit an den Trennungen der Nutzungseinheiten befinden. Aus diesen Überlegungen ergeben sich – exemplarisch auf den mehrgeschossigen Wohnungsbau angewendet – zwei Grundtypen, die sich in Raumbildung und Konstruktion unterscheiden (Abb. 13).

Dienende Raummodule
Bäder, Küchen und Treppenhäuser werden als freigestellte Raummodule konzipiert. Sie dienen als Auflager für die Decken über im Idealfall flexibel nutzbaren Bereichen der Wohnung. Alternativ könnten die Raummodule auch als eingestellte Elemente eingesetzt werden. Das bietet sich vor allem bei Nutzungen an, bei denen größere Raumhöhen zur Verfügung stehen als normalerweise im Wohnungsbau üblich.

Schichtenmodelle
Bei diesem Modell bilden mehrere nebeneinanderliegende Raummodule

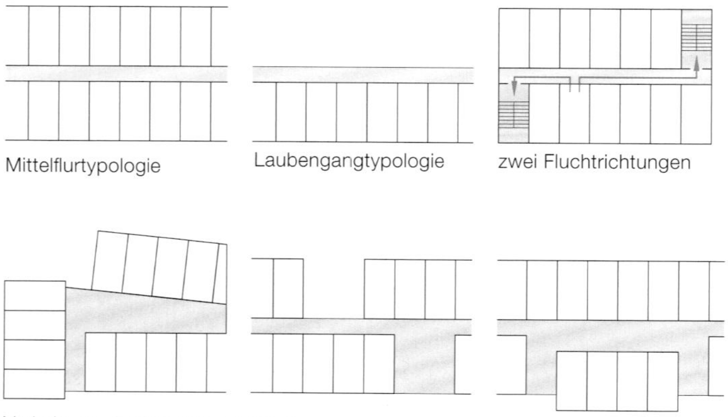

Variationen der linearen Erschließung
10

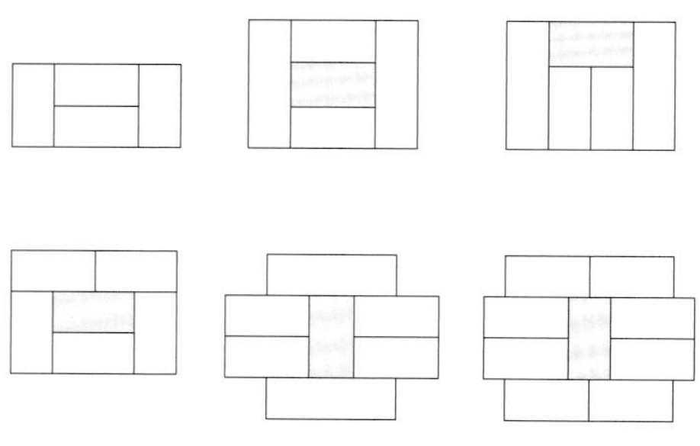
11

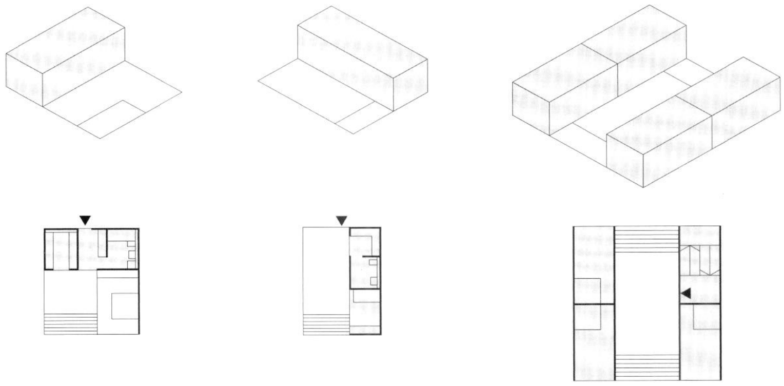

12

Ebenen in der Wohnung, die mit Schichten aus flächigen Elementen alternieren. Dieser Ansatz ist in verschiedenen Varianten umsetzbar (Abb. 12). Am konsequentesten erscheinen Typologien, bei denen die Module auf beiden Seiten eine Mittelzone aus flächigen Elementen umschließen. Denn in diesem Fall bildet die Doppelung der Konstruktion zugleich die Trennung der Nutzungseinheiten.
Denkbare Anwendungen dafür sind relativ große Wohnungen ab vier Zimmern (Abb. 14 a) und neue Ideen der Grundrissorganisation wie die des gemeinschaftlichen Wohnens. Darunter versteht man Wohngemeinschaften, bei denen mehrere separate Individualbereiche mit Bädern und eventuell kleinen Küchen mit großzügigen Gemeinschaftsbereichen für gemeinschaftliches Kochen, Essen und Wohnen kombiniert sind. Solche sogenannten Clusterwohnungen reagieren auf die Bevölkerungsentwicklung mit immer mehr Singles sowie die Wohnungsknappheit in Großstädten, indem sie eine zusätzliche Stufe zwischen Privatheit und Öffentlichkeit einführen. Es liegt nahe, diese Wohnformen auf ihre Eignung für Schichtenmodelle zu untersuchen (Abb. 14 b).

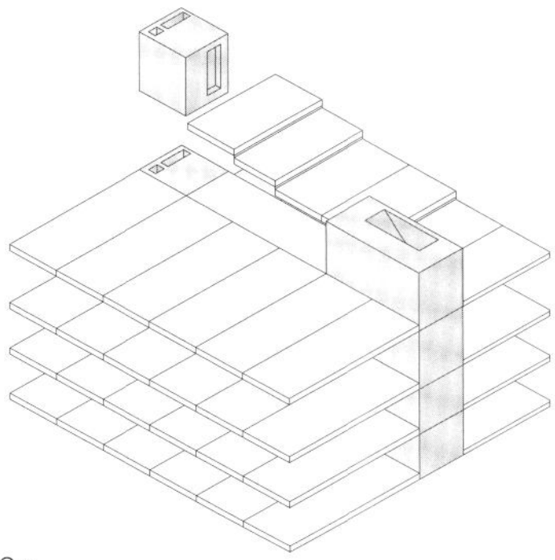

13 a

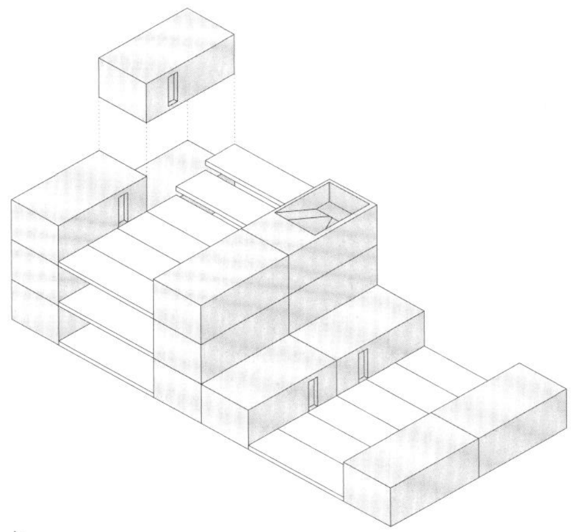

b

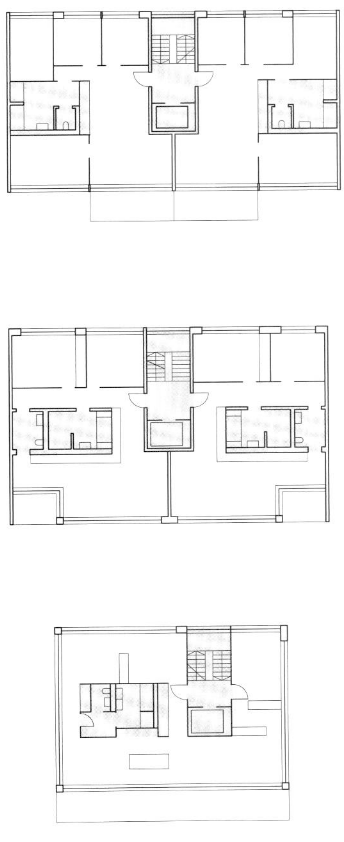

14 a

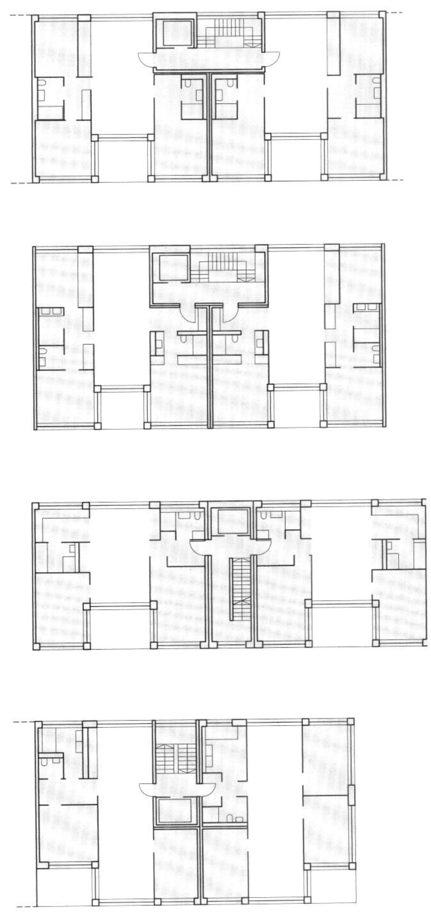

b

10 Grundtypen und Variationen der linearen Erschließung
11 Variationen punktueller Erschließung
12 grundsätzliche Varianten von Schichtenmodellen
13 Kombinationen aus 2D- und 3D-Vorfertigung
 a Raummodule als dienende Kerne
 b Schichtenmodelle
14 Grundrissstudien Maßstab 1:500, Entwurf René Schröttle
 a Raummodule als dienende Kerne
 b Schichtenmodelle

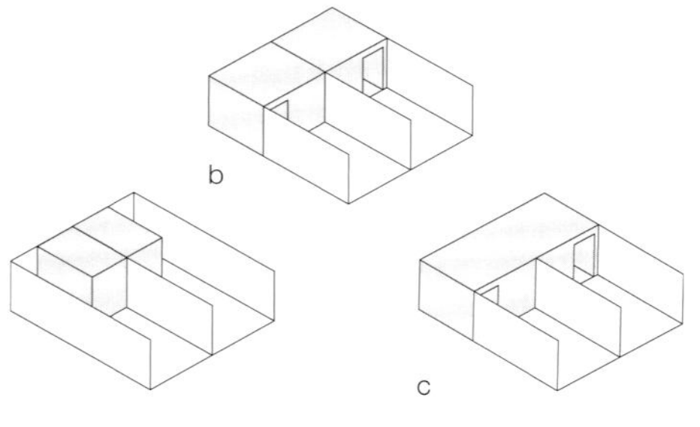

15a

Kombinationen von Raum- und Flächenmodulen im Hotelbau

Hotelbauten bzw. ähnliche Bauaufgaben wie Wohnheime oder Krankenhäuser sind geprägt durch wiederkehrende Abfolgen von Zimmern mit Vorzone und Sanitärbereich. Bei Kombinationen von Raummodulen und flächigen Elementen werden immer die Sanitärbereiche vorgefertigt, für die Aufenthaltsräume dagegen flächige Elemente verwendet.
Ein in den Raum eingestelltes Modul ist stets frei von Schall- und Brandschutzanforderungen (Abb. 15a). Steht das Raummodul eigenständig vor den flächigen Elementen und bildet somit die Trennung der Nutzungseinheit, so muss es diese Anforderungen übernehmen (Abb. 15b). Die Strategie, zwei Sanitäreinheiten in einem Raummodul zu organisieren, verbessert die Transporteffizienz, beschleunigt die Montage, verringert die Fugenanzahl und macht die Konstruktion bei horizontalem Lastangriff steifer (Abb. 15c). Besondere konstruktive Sorgfalt erfordert in diesem Fall der Übergang zwischen Raummodul und flächigem Element, um die schallschutztechnischen Anforderungen zwischen den Nutzungseinheiten zu erfüllen.

Raummodule in der Bestandserweiterung

Der Bedarf an Nachverdichtung ist in den Städten ungebrochen hoch. In der Bestandserweiterung, vor allem bei Maßnahmen, die unter laufendem Betrieb erfolgen müssen, potenzieren sich gegenüber dem Neubau die Vorteile der Vorfertigung. Das betrifft hauptsächlich die emissionsarme und vor allem extrem schnelle Montage vor Ort. Es verwundert nicht, dass beispielsweise in Vorarlberg die ersten mehrgeschossigen Raummodulbauten als Aufstockungen bestehender Hotelgebäude umgesetzt wurden (siehe »Entwicklung in Vorarlberg«, S. 13ff.).
Raumzellen sind prinzipiell für horizontale wie auch vertikale Bestandserweiterungen denkbar. Insbesondere bei horizontalen Erweiterungen, die meist in das Raumgefüge bestehender Einheiten eingreifen, ist die Kombination mit einer neuen Gebäudehülle in Holzbauweise sinnvoll, um das Gesamtgebäude energetisch und technisch auf den Standard eines Neubaus zu bringen (Abb. 16).
Vor allem die klar strukturierten und geometrisch einfachen Wohngebäude der 1950er-Jahre besitzen großes Potenzial

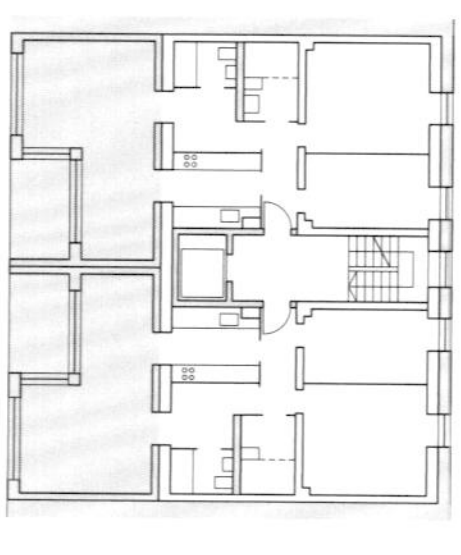

16

17

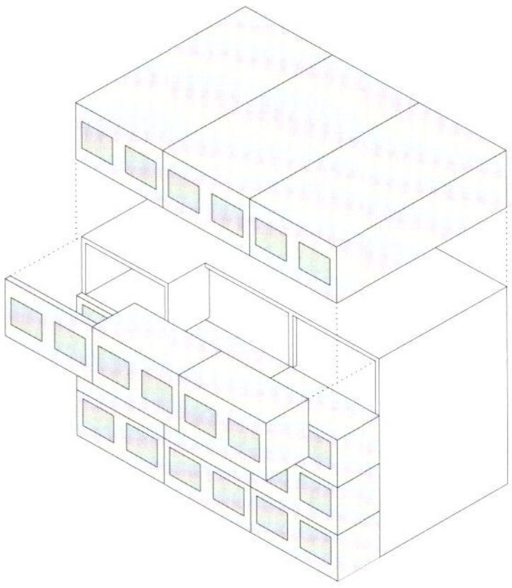

18

für horizontale Erweiterungen. Die oftmals sehr geringen Gebäudetiefen und relativ großzügigen Abstände zwischen den Gebäuden erlauben in vielen Fällen eine zusätzliche Raumschicht (Abb. 17 und 18). Ein Hindernis können jedoch die zum Teil sehr geringen lichten Raumhöhen in Verbindung mit sehr schlanken Deckenkonstruktionen darstellen, sodass zuweilen eine Erweiterung mit den Vorgaben der Bauordnung nicht zu vereinbaren und daher nicht möglich ist.

Während bei horizontalen Erweiterungen der räumliche Zusammenhang mit dem Bestand prägend ist, lassen sich Aufstockungen wesentlich unabhängiger vom Raumkonzept gestalten (Abb. 19). Tragstruktur, Erschließung und Haustechniktrassen des Bestands bilden im Zusammenhang mit den räumlichen Anforderungen der Aufstockung die wesentlichen Parameter für die Planung. Im Idealfall besteht die Möglichkeit, sie in der Aufstockung weiterzuführen. Ist dies nicht möglich, können Lasten in einer zusätzlichen Schicht zwischen Bestand und Aufstockung, z.B. mittels einer Balkenlage aus Holz oder Stahlprofilen, umgelenkt und Leitungen an die richtige Position geführt werden. Die hohe Steifigkeit der Module kann projektabhängig auch dazu dienen, relativ große Spannweiten im Bestand zu überbrücken.

Öffentliche Wahrnehmung und Strategien

Die öffentliche Wahrnehmung des rational geprägten Bauens mit Raummodulen erscheint überraschend emotional und ambivalent. Zum einen werden sehr hohe Erwartungen an die Bauweise gestellt: Dringend benötigter leistbarer Wohnraum soll entstehen, der Traum vom lückenlos digitalisierten und automatisierten Bauen analog zur Automobilindustrie soll sich endlich erfüllen und die Flexibilität der heutigen Lebensweise ihre Entsprechung in ebenso flexiblen Gebäuden finden. Zum anderen ist die Bauweise mit starken Vorurteilen konfrontiert. Befürchtet wird – etwas überspitzt formuliert – eine Anonymisierung der Wohnquartiere. Dieses Unbehagen liegt sicherlich noch in der Zeit der ab etwa 1955 errichteten Plattenbauten in den ehemaligen Ostblockstaaten begründet, aber auch in den monotonen Großsiedlungen am Stadtrand mit kaum sozialer oder kultureller Infrastruktur in den westlichen Ländern.

19a

b

15 Kombinationen aus Raummodulen und flächigen Elementen im Heim- und Hotelbau
a eingestellte Raummodule
b eigenständige Raummodule
c zwei Bäder in einem Raummodul

16 beispielhafte Grundrissstudie, typischer 1950er-Jahre Grundriss mit horizontaler Erweiterung in Raummodulbauweise (grau = aktuelle Ergänzungen), Maßstab 1:500

17 typische Wohnbebauung der 1950er-Jahre mit geringen Gebäudetiefen und großzügigen Zwischenräumen

18 Möglichkeiten der Bestandserweiterung mit Raummodulen

19 Aufstockung mit Raummodulen, Wohngebäude, Genf (CH) 2017, Kunz-Architectes
a nach Süden offene Raumodule
b geschlossene Rückseite

Planer und Handwerker sehen auch heute ihre Berechtigung und Existenz dadurch bedroht, dass Großunternehmen konkurrenzlos schnelle und kostengünstige, standardisierte Alternativen zu individuell geplanten Gebäuden anbieten. Stadtplaner und Architekten fürchten einen Verlust an Baukultur durch fehlende Individualität und ein Negieren des Genius Loci, dem jedem Ort innewohnenden spezifischen Charakter, der auch eine spezifische bauliche Reaktion erforderlich macht.
Eine sachliche Beurteilung der Potenziale und möglicher Strategien der Raummodulbauweise mag angesichts dieser Vorbehalte sinnvoll sein.
Es bestehen unterschiedliche Vorstellungen von der Raummodulbauweise, die differenziert betrachtet werden müssen. In diesem Zusammenhang sind zwei grundsätzlich verschiedene Entwicklungsstrategien zu unterscheiden, die im Folgenden beschrieben werden.

Anpassbare Raummodulbausysteme
Eine Entwicklungsstrategie stellt die anpassbare Raummodulbauweise dar. Dieser Variante liegt folgendes Szenario zugrunde, das sich durch den Qualitätsanspruch, die Systemvarianz und die Holzbauweise vom Angebot herkömmlicher Raummodulhersteller unterscheidet: Es werden ausschließlich im Neubaubereich standardisierte Gebäude mit einem klar definierten Katalog an Auswahlmöglichkeiten – ähnlich der Konfiguration der Ausstattung eines Pkws – etwa aus der Hand von Totalunternehmern angeboten. Im Sinne der individualisierten Serienfertigung ist eine große Bandbreite von Auswahlmöglichkeiten innerhalb eines Systems technisch möglich. Mit steigender Stückzahl lässt sich auch die Varianz erhöhen. Grundlage sind ausgereifte Grundrisse und sehr gut anpassbare Fassaden mit hoher Gestaltungsqualität.
Das Potenzial liegt in einer erheblichen Senkung der Baukosten und Projektlaufzeiten bei hoher ökologischer, gestalterischer und ausführungstechnischer Qualität. Denn der Planungsaufwand könnte so erheblich reduziert werden. In diesem Fall wäre eine sinnvolle Anwendung parametrischer Planungsmethoden gegeben. Bei entsprechendem Volumen würde eine viel weitergehendere Automatisation der Produktion als bislang zweckmäßig erscheinen und auch wirtschaftlich darstellbar sein.
Die Rolle des Architekten wäre auf das Anpassen des Systems an die Gegebenheiten des Grundstücks und die Kundenwünsche beschränkt und die Möglichkeit, auf Besonderheiten der Umgebung einzugehen, eingeschränkt. Die Aufgabe der Stadtplaner läge darin, für dieses Vorgehen geeignete Grundstücke zu benennen und in Raummodulbauweise umsetzbare städtebauliche Vorgaben zu entwickeln.

Bemerkenswert ist, dass sich solche Bausysteme im Holzbau trotz auf der Hand liegender Potenziale bislang kaum durchgesetzt haben und meist im Prototypenstadium und Kleinserien verblieben sind. Die gewerbliche Struktur der Holzbauwirtschaft mit nur wenigen Großfirmen ist dafür sicher ein wichtiger Grund. Neben der erforderlichen Größenordnung der Nachfrage stellen die sich kontinuierlich ändernden und auch regional unterschiedlichen Rahmenbedingungen ein weiteres Hindernis dar: Gesetzliche und normative Regelungen, Anforderungsprofile der Nutzer, Planungs- und Produktionsmöglichkeiten und immobilienwirtschaftliche Konditionen sind einem ständigen Wandel unterworfen. Es wären Bausysteme mit entsprechender Flexibilität nötig, um auf all diese Bewegungen reagieren zu können.

Individuell entwickelte Raummodularchitektur
Die Variante der individuell entwickelten Raummodularchitektur entspricht sehr viel mehr der Baupraxis in Mitteleuropa. Hier werden durch die Entwurfsleistung der Architekten die Vorteile der Raummodulbauweise individuell genutzt. Für eine spezifische Bauaufgabe wird die Raummodulbauweise als beste Lösung definiert und ein entsprechendes Gebäude entworfen. Dabei legen die beteiligten Planer die Gesamtgrundrisse, Fassaden und Modulgrößen projektspezifisch fest. Es entstehen Bauten, die individuell auf die Gegebenheiten ihrer Umgebung reagieren und eine hohe architektonische Qualität aufweisen (Abb. 20).
In der Konstruktion haben sich bei den Holzbauunternehmen verschiedene bevorzugte Varianten entwickelt, die je nach Projekt Anwendung finden. Es kann also nicht von einem Bausystem gesprochen werden, sondern vielmehr von einer Bauweise. Planer und Handwerker sind in diesem Fall gleichermaßen gefragt. Die Entwurfsexpertise für das Gesamtprojekt erbringen weiterhin Architekten. Die Planung von Sockelgeschossen, Treppenhäusern und Ergänzungsbauwerken erfordert nach wie vor die gewohnte Detaillierung. Auch die Modulausstattung muss entsprechend festgelegt werden. Tragwerk und Haustechnik entwickeln auch hier entsprechende Fachplaner. Lediglich die Detailplanung der Module selbst erbringt sinnvollerweise das Holzbauunternehmen. Abgesehen vom reinen Holzbau mit teils relativ hohem Automatisationsgrad werden die Ausbaugewerke in aller Regel durch mittelständische Firmen relativ konventionell, wenn auch durch die Serienfertigung effektiver erbracht.

Fazit

Zusammenfassend muss man sowohl überhöhte Erwartungen wie auch Befürchtungen relativieren. Die Raummodulbauweise allein führt nicht zwangsweise zu einer Senkung der Baukosten. Sie bietet jedoch durch ihre Effektivität ein sehr gutes Verhältnis von Aufwand zu Qualität. Dabei handelt es sich um eine Bauweise, die sich für zukünftige Automatisationsschritte sehr gut eignet, ohne dabei eine Bedrohung für die bestehende Planungs- und Handwerkskultur darzustellen. Raummodulbau bietet hohe Flexibilität, die jedoch momentan noch weniger genutzt wird, als es möglich wäre. Die im Projektteil dokumentierten ausgeführten Beispiele belegen, dass Bauen mit Raummodulen in hoher Architekturqualität möglich ist.

20 Studentenwohnheim, Hamburg (DE) 2017, Sauerbruch Hutton

20 

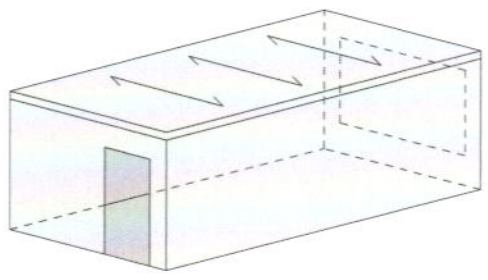

1 a

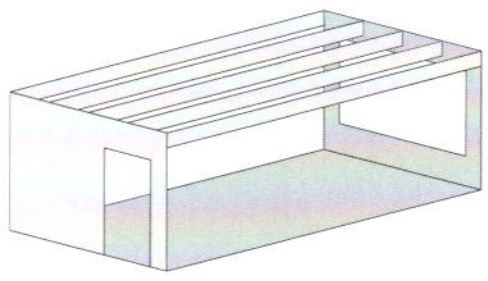

b

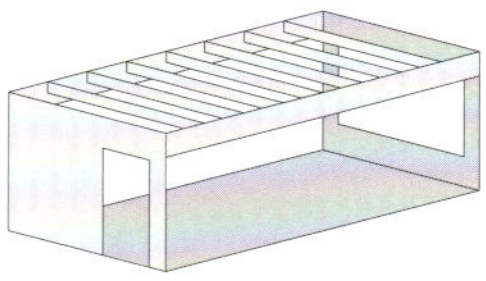

c

Woraus besteht ein Modul?

In der Regel sind Raummodule Quader. Sie haben also einen rechteckigen Grundriss und sechs Begrenzungsflächen, von denen jeweils zwei die gleiche Größe aufweisen. Konstruktiv wird zwischen Längswänden, Querwänden, Decke/Dach und Boden unterschieden. Sowohl aus konstruktiver als auch aus produktionstechnischer und logistischer Sicht sind im Idealfall alle sechs Seiten geschlossen. Das ist allerdings nur der Fall, wenn eine Nutzungseinheit mit den Abmessungen eines Raummoduls übereinstimmt. Dies trifft bei Anwendungen wie Hotelzimmern, Kleinwohnungen oder Studentenwohnanlagen zu.

Natürlich lassen sich von den sechs Seiten eines Quaders – je nach Entwurf – einzelne Flächen entfernen, um großzügige Raumverbindungen, die Verbindung mehrerer Module zu einem Raum oder auch große Fensterflächen zu erlauben (Abb. 2 und 3). Allerdings ist der Quader nach dem Weglassen von mehr als einer Seitenfläche statisch nicht mehr stabil. Zumindest für den Transport muss die Zelle dann auf jeden Fall temporär versteift und provisorisch geschlossen werden, um Witterungseinflüsse auf den Innenausbau zu verhindern.

Wie viele Seiten des Raummoduls offen sind, entscheidet meist auch darüber, in welche Richtung Boden und Decke spannen. Im Normalfall, d.h. bei geschlossenen Modulen, erfolgt die vertikale Lastabtragung über die Längswände (Abb. 1 a). Der Grund dafür ist in erster Linie die kürzere Spannweite. Zudem sind die Querwände – wenn wie üblich zu Flur und Fassade hin orientiert – infolge von Türen, Fenstern und Installationsführung zumindest partiell geöffnet. Decke und Boden tragen jeweils unab-

1 Deckenkonstruktionen bei geöffneten Raummodulen
  a quer gespannte Decke, tragende Längswände
  b längs gespannte Decke, tragende Querwände, alternativ quer gespannte Träger und Stütze
  c längs gespannte Unterzüge und quer gespannte Deckenelemente, tragende Querwände, alternativ Stützen
2 Beispiel eines Mittelmoduls für einen Gruppenraum in einem Kindergarten mit provisorischer Aussteifung für den Transport
3 Öffnungsgrade von Raummodulen
  a geschlossenes Raummodul mit Tür und Fensteröffnung in den Querwänden. Anwendung z.B. Wohnheimzimmer
  b einseitig geöffnetes Raummodul, in sich stabil. Anwendung z.B. Randmodul Klassenzimmer
  c zweiseitig geöffnetes Raummodul, muss für Transport und Montage einseitig temporär ausgesteift werden. Anwendung z.B. Mittelmodul Klassenzimmer
  d dreiseitig geöffnetes Raummodul, muss für Transport und Montage zweiseitig temporär ausgesteift werden. Anwendung z.B. Großraumbüro
  e Raummodul mit Öffnungen in Boden und Decke, Anwendung z.B. Treppenhaus
4 Boden und Decke werden zwischen die Längswände gehängt.
5 Montage von Modulen für ein Großraumbüro. Die temporäre Aussteifung in zwei Richtungen erfolgt mit Dreischichtplatten.

2

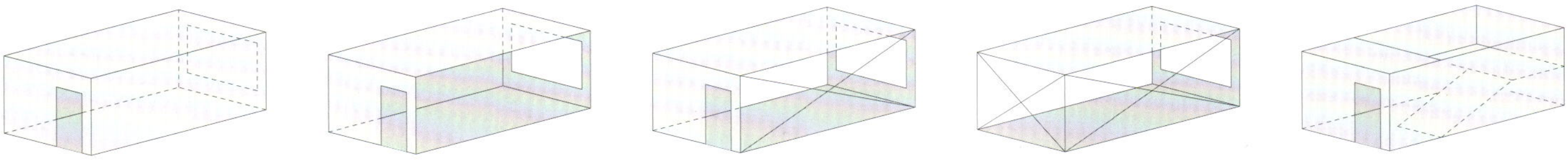

3a b c d e

hängig und zudem unterschiedliche Lasten: Der Boden die Nutzlast und den Fußbodenaufbau, die Decke nur sich selbst. Beim obersten Modul kommen je nach Konstruktion noch die Lasten aus dem Dach dazu.
Fehlt bei ein- oder mehrseitig offenen Modulen mindestens eine Längswand, muss von der oben beschriebenen Regel abgewichen und die vertikale Lastabtragung anders gelöst werden. Dabei stehen zwei Möglichkeiten zur Verfügung: Die eine besteht darin, die Last über die Querwände abzutragen und die Decke bzw. den Boden längs zum Modul zu spannen (Abb. 1 b). Die zweite Möglichkeit ist die Anordnung von Unterzügen anstelle der fehlenden Wände (Abb. 9, S. 30). Die Lastweiterleitung aus den Unterzügen erfolgt punktuell über Stützen an den Modulecken. In diesem Fall spannt die Decke wieder quer zum Modul und auch der darüberliegende, quer gespannte Boden liegt auf dem Unterzug des unteren Moduls auf (Abb. 1 c). In seltenen Fällen, vor allem bei Treppenhäusern, gibt es Raummodule ohne Boden und Decke (Abb. 10, S. 30). Auch hier muss der Stabilität während Transport und Montage durch temporäre Maßnahmen (Abb. 5) oder entsprechende Ausbildung der Treppenkonstruktion Rechnung getragen werden.

Welche Holzbauweisen kommen zum Einsatz?
Rahmenbau, Brettstapel, Brettsperrholz, Hybridkonstruktionen – grundsätzlich steht die komplette Klaviatur der im heutigen Holzbau gängigen Systeme und Systemkombinationen auch für den Einsatz im Raummodulbau zur Verfügung (Abb. 6, S. 28). Allgemeingültige Regeln, wann welches System zum Einsatz kommt, gibt es nicht. Die Entscheidung ist sehr von den Rahmenbedingungen des spezifischen Projekts abhängig. Der folgende Abschnitt soll anhand einiger

4

5

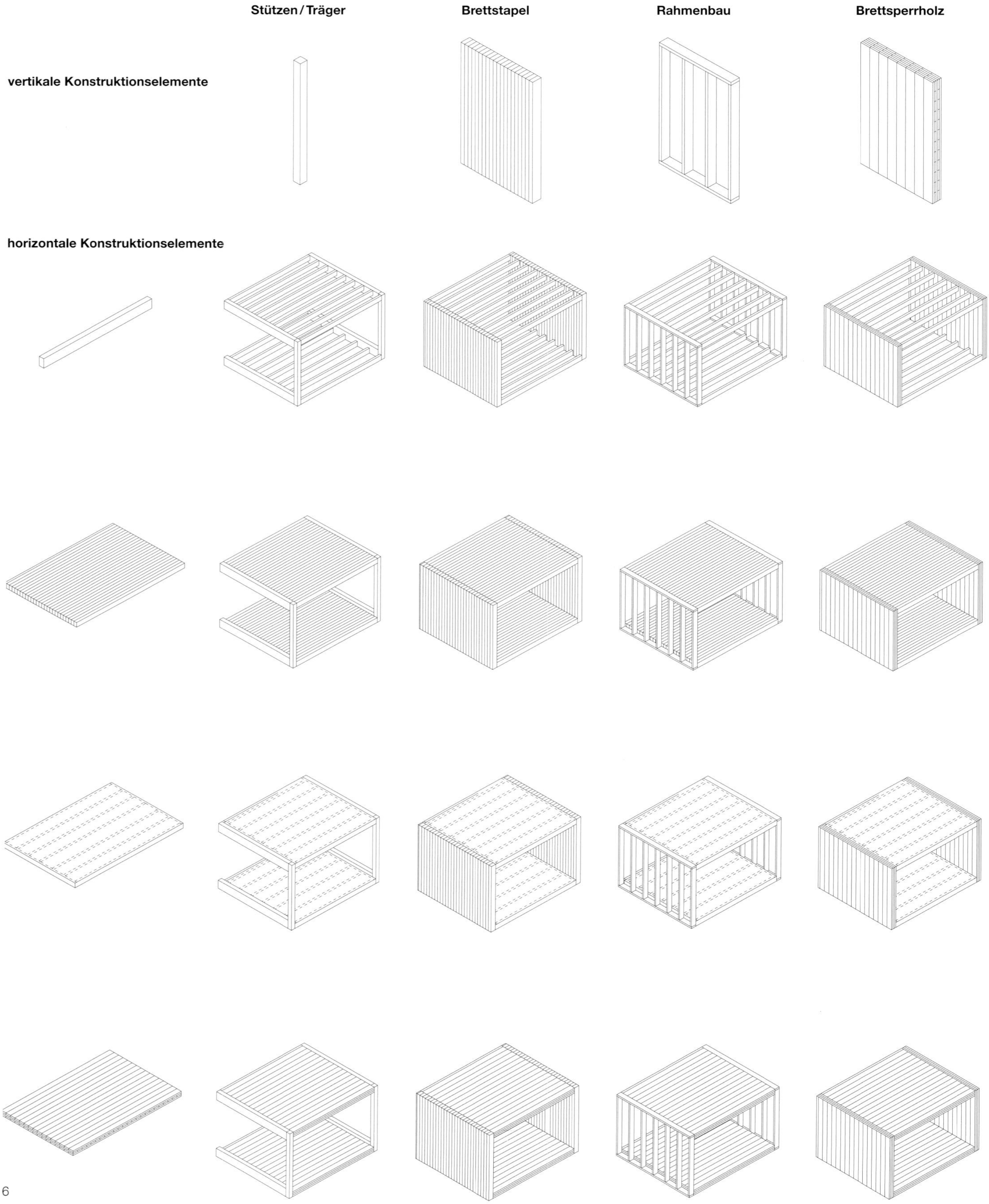
Stützen / Träger
Brettstapel
Rahmenbau
Brettsperrholz
vertikale Konstruktionselemente
horizontale Konstruktionselemente

6 mögliche Kombinationen von vertikalen und horizontalen Elementen im Raummodulbau (schematische Darstellung). Es sind darüber hinaus unterschiedliche Elemente für Boden und Decke denkbar, Außen- und Innenwände sind ebenfalls differenziert zu betrachten.
7 Vergleich der Stärken von vertikalen und horizontalen Elementen im Raummodulbau (+ bedingt geeignet, ++ geeignet, +++ sehr gut geeignet)

für die Wahl ausschlaggebender Kriterien eine Entscheidungshilfe liefern. Auch Holzbetonverbundsysteme sind denkbar, aufgrund der meist geringen Spannweite und aus Gewichtsgründen allerdings nicht sehr verbreitet. Bei der Verwendung von Beton werden eher dünne Stahlbetonfertigteile als Bodenelemente eingesetzt. Dabei liegt der Fokus auf Überlegungen zum Schallschutz und zur Wirtschaftlichkeit.
Entscheidend für die Wahl des Bausystems von Boden und Decke sind folgende Kriterien (siehe auch Abb. 7):

- Statik: Bei kurzen Spannweiten stehen eher massive Holzkonstruktionen wie Brettsperrholz oder Brettstapelelemente im Vordergrund. Brettstapelelemente haben Nachteile in Bezug auf die Ausbildung von aussteifenden Scheiben. Sie müssen entweder als verleimte Elemente ausgeführt oder mit entsprechend verbundenen Holzwerkstoffplatten zusätzlich versteift werden. Bei größeren Spannweiten kommen aufgelöste Systeme zum Einsatz, z. B. Balkenlagen, Skelettkonstruktionen aus Haupt- und Nebenträgern sowie Hohlkastenelemente.

- formale Anforderung an die Oberfläche Wenn eine Holzoberfläche gewünscht wird, eignen sich bei der Decke aufgrund der geringen Belastung je nach Spannweite in erster Linie Dreischichtplatten oder Brettsperrholz.

- bauphysikalische Anforderungen: Vor allem bei Bodenelementen gegenüber Außenluft sprechen die thermischen Anforderungen für den Einsatz von gedämmten Holzrahmenelementen. Die Schallschutzanforderungen haben hingegen keinen entscheidenden Einfluss auf die Systemwahl, da deren Erfüllung mehrheitlich durch den Bodenaufbau und die Entkoppelung der Module gewährleistet wird. Auch die Dämmung auf den Dachelementen ist nicht ausschlaggebend für die Wahl des

7

vertikale Konstruktionselemente

	Stützen / Träger	Brettstapel	Rahmenbau	Brettsperrholz
große Vertikallasten	+++	+++	+	+++
große Horizontallasten im Plattenebene			+	+++
wandartige Träger			+	+++
Holzoberfläche sichtbar	++	+++	+	+++
Kapselung gefordert	+	+	+++	+

horizontale Konstruktionselemente

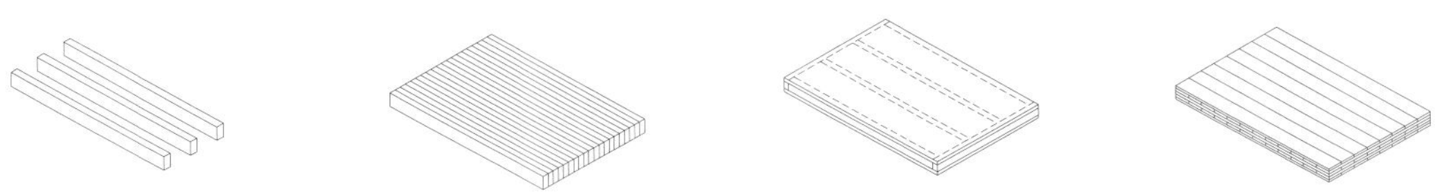

	Stützen / Träger	Brettstapel	Rahmenbau	Brettsperrholz
große Spannweite	+++	+	++	+
Holzoberfläche sichtbar	++	+++	+	+++
Kapselung gefordert		+	+++	+
Raumhöhe	+	+++	++	++

8

9

10

Dachelements, da sie oft erst auf der Baustelle aufgebracht wird.

- Brandschutz: Die Tragkonstruktion der Bodenelemente ist in der Regel von oben durch den Fußbodenaufbau und von unten durch die Decke des darunterliegenden Moduls vor Brandeinwirkung geschützt. Darum hat der Brandschutz hier keinen Einfluss auf die Systemwahl. Bei den Decken ist die Situation anders. Sie sind direkt der Brandeinwirkung ausgesetzt. Ist eine Kapselung des Holzes erforderlich, spielt es keine Rolle, ob hinter der Kapselung eine Decke aus linearen oder flächigen Bauteilen folgt. Ohne Kapselung stehen eher plattenförmige Bauteile im Vordergrund, die direkt einen Beitrag zum Brandwiderstand und der Rauchdichtigkeit der horizontalen Modultrennung leisten.

- Raumhöhe: Die Höhe der Module ist aufgrund des Transports durch die Verkehrswege, insbesondere durch die Durchfahrtshöhe unter Brücken, beschränkt. Ab einer Außenhöhe von ca. 3,20 m erfordert der Transport Spezialfahrzeuge (siehe »Prozess«, S. 50ff.). Die Reduktion der Bauteilaufbauten zur Sicherung von maximalen Innenraummaßen bzw. erforderlichen Mindestraumhöhen ist oft ein entscheidendes Kriterium. Dieses wiederum hat einen Einfluss auf die Wahl des Systems für Boden und Decke.

- ausführende Firma: Die Präferenzen der ausführenden Firma und hier besonders der Aspekt der vertikalen Integration – ob also parallel zur Modulproduktion auch eine Elementproduktion angegliedert ist oder ob die Elemente zugekauft werden müssen – spielen bei der Wahl des Bausystems eine wichtige Rolle.

8 Beispiel eines Moduls mit längs tragenden Decken- und Bodenelementen aus Hohlkastenträgern. Die Elemente liegen auf den tragenden Außenwänden bzw. auf einem deckengleichen Querträger und Stützen in der Mitte des Elements auf.
9 Rohbaumodul, Europäische Schule, Frankfurt am Main (DE) 2015, NKBAK. Die Unterzüge liegen an der Fassade auf Stützen und auf der anderen Seite auf der Flurwand auf. Die Deckenelemente und die Bodenelemente spannen ebenfalls quer. Das dünne Bodenelement ist mit vier temporären Zugstäben fixiert.
10 Treppenhausmodul der Europäischen Schule

11 Lasteinflüsse auf das einzelne Raummodul
a vertikale Flächenlasten aus Eigengewicht und Nutzlast
b horizontale Flächenlasten aus Wind
c Einzellasten z. B. aus Lastweiterleitung angrenzender Module
12 grundsätzliche statische Beanspruchungen und Auflagerreaktionen
a Plattenbeanspruchung z. B. durch Wind oder Nutzlast
b Druckbeanspruchung
c Scheibenbeanspruchung z. B. durch punktweise Lagerung und/oder Auskragung
d Scheibenbeanspruchung z. B. durch Ableitung von Wind- und Erdbebenlasten

Die Kriterien für die Wahl des Bausystems der Wände sind:

- Statik: Bei hochbelasteten Wänden sind massive Systeme sinnvoll, vor allem wenn die tragenden Wände keine größeren Öffnungen haben und die Lasten gleichmäßig verteilt werden können. So lassen sich sehr dünne Wandaufbauten erreichen. Brettsperrholzplatten sind zudem per se Scheiben und können dadurch hohe Aussteifungslasten übernehmen oder als wandartige Träger ausgebildet werden.

- formale Anforderung an die Oberfläche: Wenn eine Holzoberfläche gewünscht wird, stehen Brettsperrholz oder Brettstapelelemente im Vordergrund. Diese Produkte werden in Qualitäten angeboten, die direkt als fertige Oberfläche verwendet werden können. Holzrahmenelemente mit einer Beplankung aus Holz, die sich als fertige Oberfläche eignet, sind aufwendig in der Herstellung.

- bauphysikalische Anforderungen: Wände, die Teil der Gebäudehülle sind, werden wegen der erforderlichen Wärmedämmung oft in Holzrahmenbauweise ausgeführt. Des Weiteren beeinflussen die Schallschutzanforderungen zwischen den Modulen die Wahl des Wandaufbaus. Holzrahmenelemente mit mehreren dünnen Beplankungen haben ein vergleichsweise besseres Verhalten bezüglich Schallschutz als massive Platten.

- Brandschutz: Auch hinsichtlich des Brandschutzes ist die Frage nach der Kapselung zentral. Ist sie notwendig, spricht das tendenziell für die Ausführung der Wände in Holzrahmenbauweise. Sichtbare Holzoberflächen werden in der Regel als massive Holzkonstruktion ausgeführt. Bei solchen tragenden Holzwänden erfolgt der Nachweis der Anforderung an die Feuerwiderstandsdauer über eine Bemessung auf Abbrand: Der im Brandfall nach der zugrundeliegenden Zeitspanne verbleibende Restquerschnitt der Wand muss die Tragfähigkeit des Gebäudes gewährleisten.

- ausführenden Firma: Die bei den Auswahlkriterien für Boden und Decke formulierte Aussage gilt hier analog.

Lastabtragung und Nachweise am einzelnen Modul

Auf jedes Modul wirken unabhängig von seiner Lage oder Anordnung folgende Kräfte (Abb. 11):
- Nutzlast als vertikale Flächenlast auf den Boden
- Eigengewicht von Boden und Decke als vertikale Flächenlast
- Eigengewicht der Wände als vertikale Linienlast
- horizontale Ersatzlasten aus Erdbeben

Auf Randmodule wirkt zusätzlich:
- Windlast als horizontale Flächenlast
Sind mehrere Module übereinander oder nebeneinander angeordnet, bilden sie in der Regel einen Verbund: Auf jedes Modul wirken dann zusätzlich zu den zuvor beschriebenen Lasten abhängig von der Anordnung der Module und der Lage des betrachteten Moduls im Verbund Punkt- oder Linienlasten aus der Lastdurchleitung von den oberen Modulen in die Fundamente.

Aus den eben beschriebenen Einwirkungen ergeben sich auf die einzelnen Bauteile Platten- und Scheibenbeanspruchungen (Abb. 11 und 12). Daraus wiederum entstehen Biegemomente, Normalkräfte sowie Schubkräfte in Boden, Decke und Wänden. Es ist notwendig, das Ableiten dieser Schnittgrößen vom

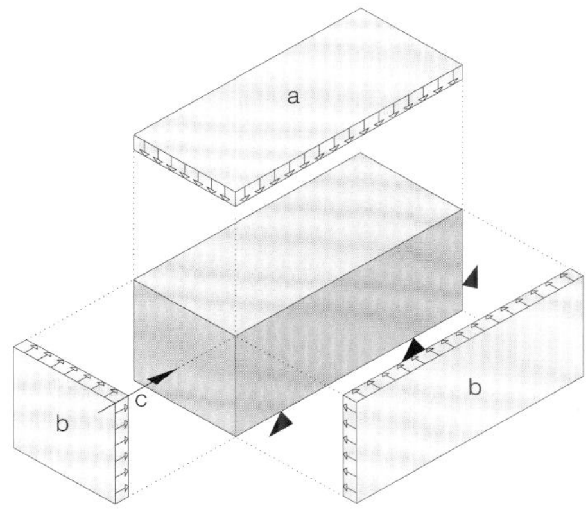

11

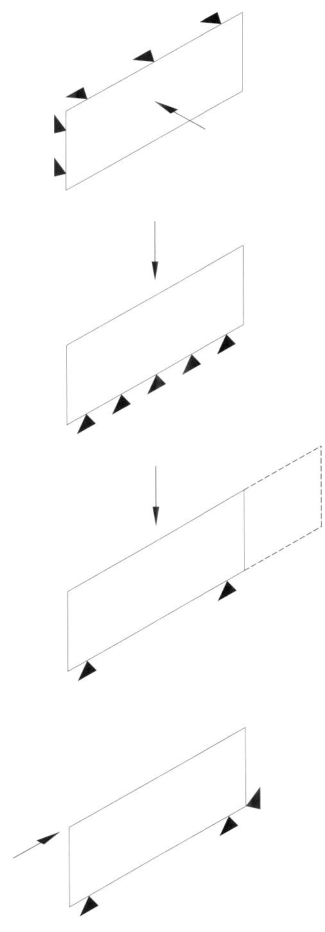

a

b

c

12d

obersten Modul bis ins Fundament zuerst konzeptionell zu erfassen. Das heißt, zunächst wird die Art und Weise des Zusammenwirkens der Module festgelegt. Danach werden die Schnittgrößen berechnet und die Nachweise an den maßgebenden Bauteilen und Verbindungen geführt.
Bei den meisten Modulbauten besteht eine Anforderung an den Brandwiderstand von mindestens 30 Minuten. Wird diese Anforderung nicht durch eine Bekleidung oder Kapselung erfüllt, sind die Nachweise zusätzlich als Bemessung auf Abbrand, also für den Lastfall Brand mit vermindertem Querschnitt, zu führen. Bei Brettsperrholzbauteilen ist dabei dem Schichtaufbau und den Schichtstärken besondere Beachtung zu schenken. Die Tragfähigkeit von Brettsperrholzquerschnitten nimmt mit zunehmender Branddauer infolge des kreuzweisen Aufbaus diskontinuierlich ab.
Bei mehrgeschossigen Anordnungen ist je nach Wahl des Holzbausystems darauf zu achten, ein Aufaddieren von liegendem, also ungünstig quer zur Faser belastetem Holz zu vermeiden (Abb. 13 und Abb. 4, S. 27). Insbesondere wegen der Doppelung der Bauteile kommt es vor allem beim konventionellen Holzrahmenbau (Plattformbauweise) sehr rasch zu einer großen Höhe von liegendem Holz, was an den Übergängen zu anders konstruierten Bauteilen (z. B. Liftschächte und Kerne aus Beton) zu Problemen aufgrund unterschiedlicher Setzungen führen kann.

Lagerung der Module

Module lassen sich direkt auf dem Bodenniveau oder auf einem massiven Gebäudesockel aufbauen. In beiden Fällen ist die bevorzugte Lagebedingung für Module ein Linienlager unter den tragenden Wänden (Abb. 15). Punktuelle

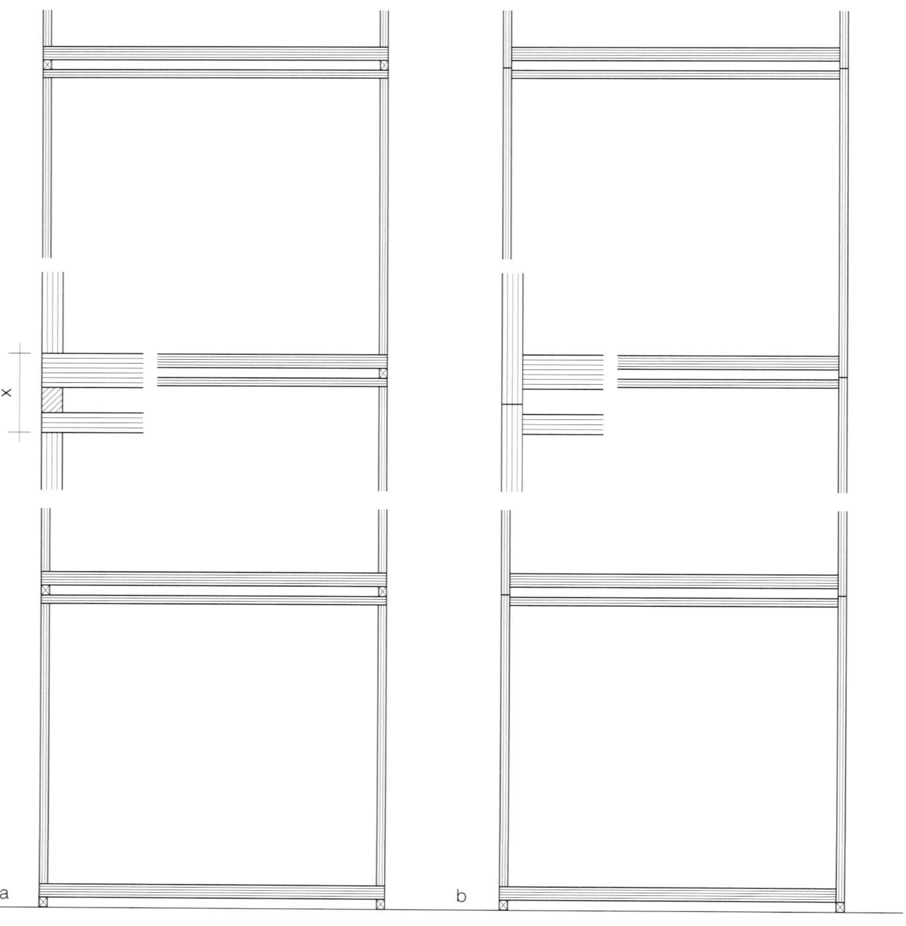

13a b

13 Bei mehrgeschossigen Modulbauten ist dem Verformungs- und Schwindverhalten von liegendem Holz Rechnung zu tragen.
a mehrere Lagen Holz quer belastet, daraus folgen Setzungen durch Pressung und Schwinden des querliegenden Holzes durch Trocknung nach Einbau
b Wird auf eine konsequente Weiterleitung der Last in parallel zur Faser belastetem Holz geachtet, sind die Setzungen minimal.
14 zwölf Module in unterschiedlicher Anordnung: Die Kraft F1 ist in Anordnung a viermal so groß wie die Kraft F2 in Anordnung b.
15 Systematik Auflager Modulgeschosse auf massivem Sockelgeschoss

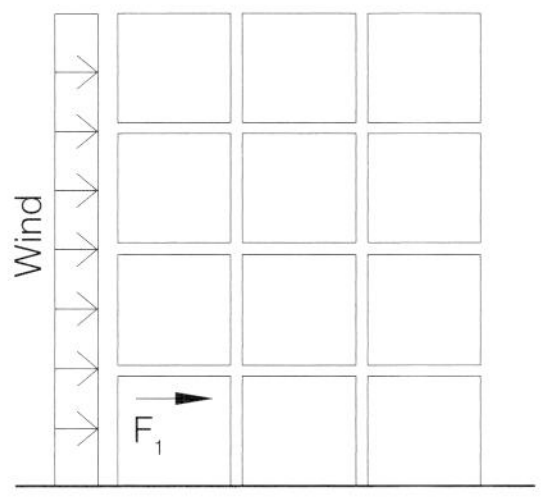

14a

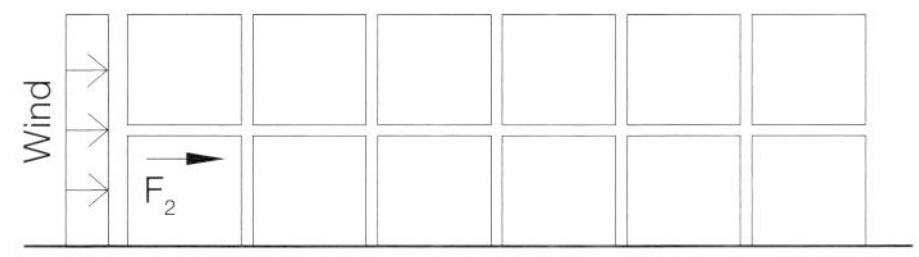

b

Lagerungen auf Stützen oder Einzelfundamenten sind auch möglich. In diesem Fall müssen allerdings die Modulwände als wandartige Träger ausgebildet und die Lastkonzentrationen in den Wänden (Pressungen und Normkraft) entsprechend berücksichtigt werden.
Bei einer Aufstellung am Boden kann das Auflager eine Bodenplatte oder ein Streifenfundament sein. Beim Verzicht auf eine Bodenplatte aus Beton ist der Boden des untersten Moduls Teil der Gebäudehülle und muss bauphysikalisch und statisch entsprechend ausgebildet werden.
In vielen Fällen stehen Module auf ein oder mehreren Sockelgeschossen. Oft sind diese aus Beton konstruiert, da sie aufgrund ihrer Nutzung Räume aufweisen, deren Größe nicht dem Rastermaß der Module folgt. Als häufigstes Beispiel seien Hotels mit offenen Zonen wie Lobby, Restaurants und Konferenzsälen im Erdgeschoss und den modularen Zimmern in den Obergeschossen genannt. In der Decke über dem Erdgeschoss oder einem der Obergeschosse erfolgt daher oft ein Lasttransfer, d. h. die Decke wird als Abfangdecke ausgeführt. Die Abfangkonstruktion muss neben der Tragfähigkeit vor allem auch eine große Steifigkeit aufweisen, damit es nicht zu ungewollten Lastkonzentrationen in den untersten Modulen kommt.

Aussteifung mehrgeschossiger Raummodulbauten
Werden Module gestapelt, ist es erforderlich, neben den Vertikallasten auch die zuvor beschriebenen Horizontallasten wie z. B. Windlasten zu berücksichtigen. Diese müssen sicher in die Fundamente abgetragen werden. Dafür gibt es unterschiedliche Konzepte (Abb. 16, S. 34): Meist werden die Module miteinander gekoppelt und wirken im Verbund. Je nach Anordnung entstehen dadurch in

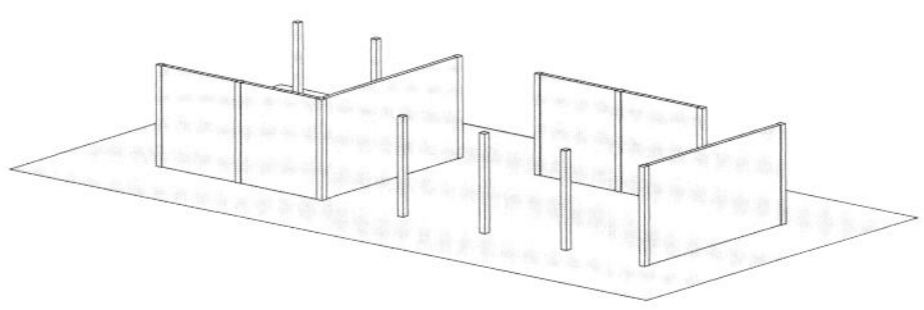

a Unterkonstruktion mit Punktlagerung

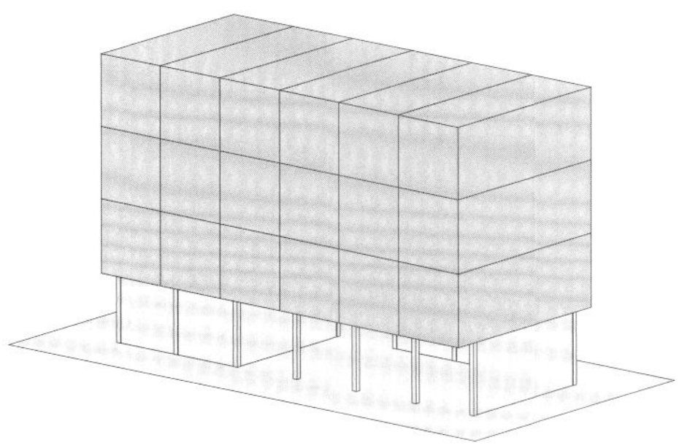

b Modulwände wirken als wandartige Träger

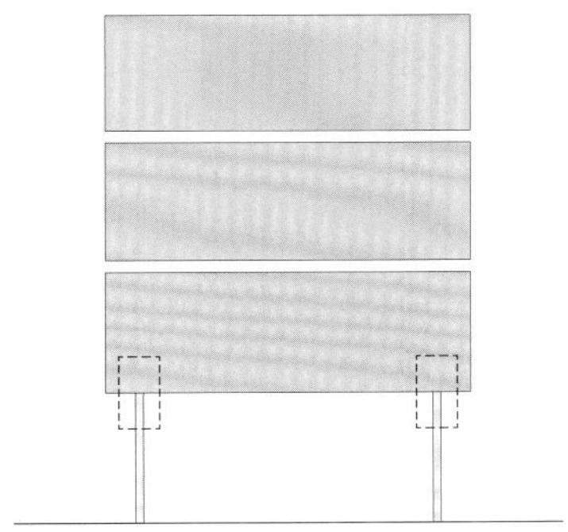

c Anordnung b führt zu Lastkonzentrationen in den Auflagerpunkten

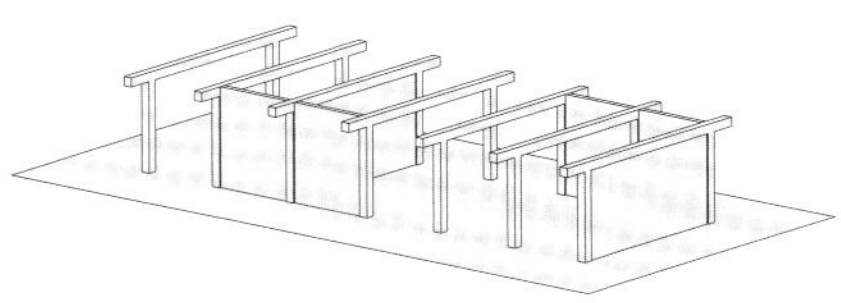

d Linienlager mit Trägern

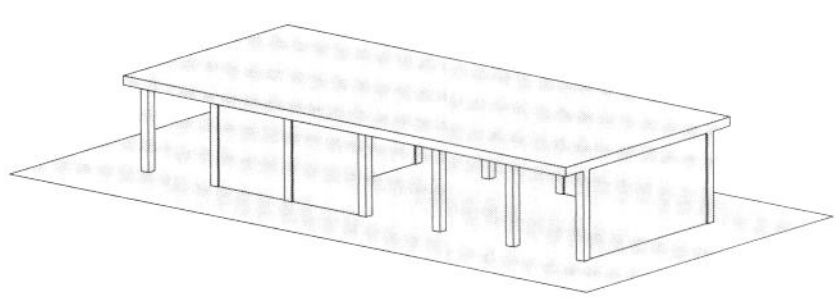

e Linienlager mit Abfangdecke

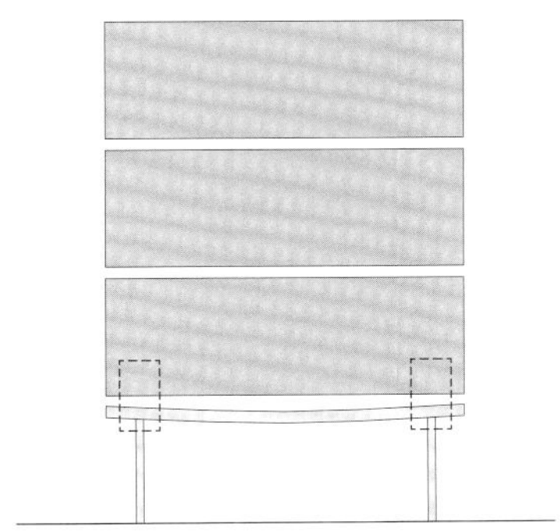

f Wichtig ist eine ausreichende Steifigkeit der Linienlager, um Lastspitzen in den Auflagerpunkten zu vermeiden.

15

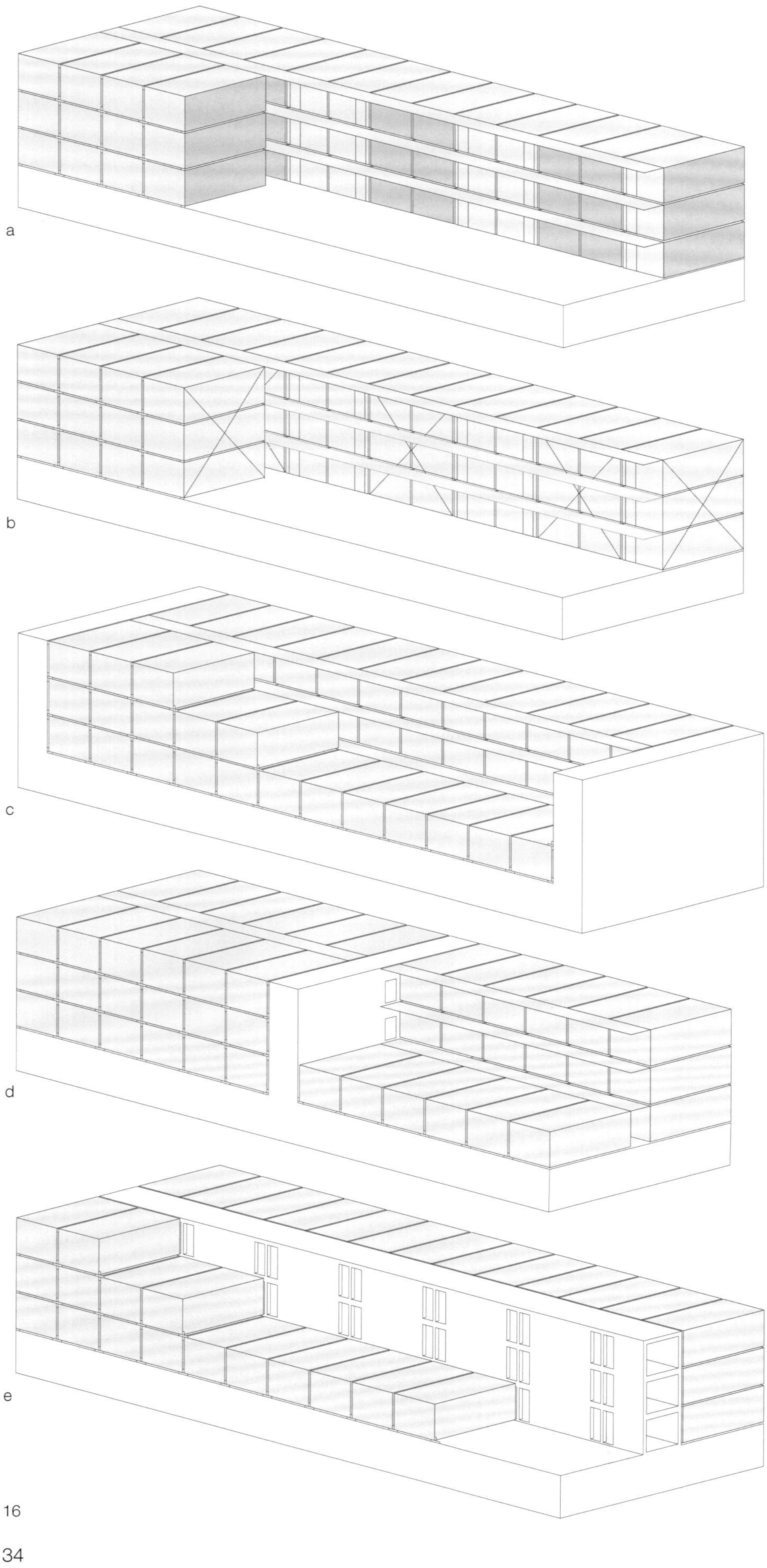

16

den einzelnen Modulen entsprechend der Lage im Verbund stark unterschiedliche Beanspruchungen (Abb. 14, S. 33). Insbesondere auf den Schmalseiten der Module, die in der Regel große Öffnung aufweisen, führt dies rasch zu aufwendigen und je nach Lastfall unterschiedlichen Konstruktionen. Das widerspricht dem Grundsatz, die Ausführung von möglichst vielen identischen Modulen anzustreben. Häufig wird darum versucht, die Module über zusätzliche außenliegende Elemente wie Abspannungen (Abb. 16b) oder über von den Modulen unabhängige Bauteile wie Treppenhäuser, Liftschächte etc. auszusteifen. In Querrichtung der Module geschieht dies vor allem über eine Anbindung an die zuvor genannten, von den Modulen unabhängigen Bauteile (Abb. 16c, d und e). In Längsrichtung der Module ist die Aussteifung über die meist große Anzahl von Wänden kein Problem. Die Anordnung von biegesteifen Knoten in den Ecken der Raumzellen, wie sie im Stahlbau und vereinzelt auch im Holzbau zum Einsatz kommen, sollte vermieden werden. Denn biegesteife Knoten im Holzbau sind sehr aufwendig und wenig leistungsfähig, insbesondere was die Steifigkeit betrifft.

Verbindung der Module

Zur Aussteifung müssen die Module untereinander und mit den angrenzenden aussteifenden Bauteilen verbunden werden. Fast immer sind die Begrenzungsflächen der Raumzellen entweder Teil einer Geschossdecke oder einer Trennwand zwischen unterschiedlichen Nutzungseinheiten. Systembedingt kommt es an diesen Stellen, wie bereits erwähnt, zu einer Verdoppelung der Flächen. Was aus konstruktiver Sicht einen Mehraufwand bedeutet und damit einen Nachteil darstellt, ist aus bauphysikalischer Sicht, genauer gesagt bezüglich der schallschutztechnischen Entkoppelung, ein

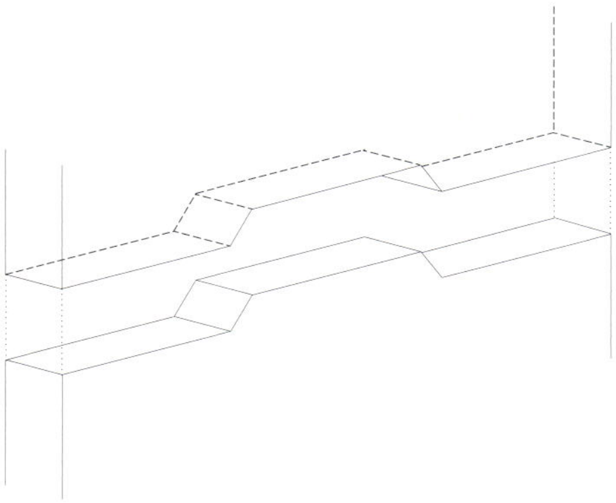

17a

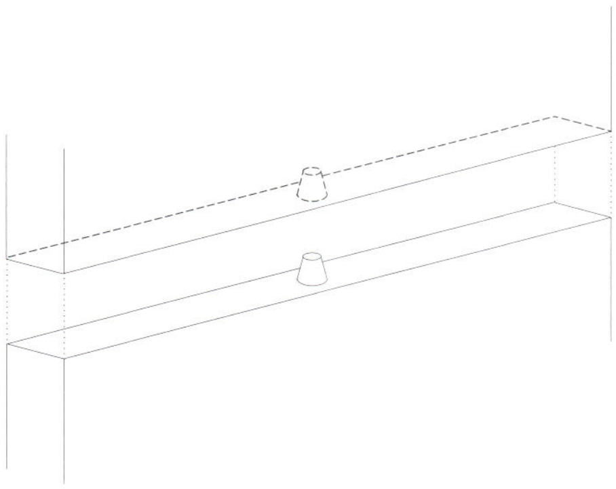

b

Vorteil. Zu viele Verbindungen machen diesen Vorteil jedoch wieder zunichte. Ziel sollte es daher sein, Verbindungen, wenn möglich, mit entsprechenden Zwischenlagen aus elastischen Materialien zu entkoppeln (Abb. 20). Darüber hinaus bietet es sich an, die Querkraftübertragung mit geometrischem Formschluss (Nocken, Taschen, Nuten) oder über Reibung sicherzustellen (Abb. 17–19).

Die entscheidenden Themen bei der Detailentwicklung sind:

- Übertragung der vertikalen und horizontalen Lasten, gegebenenfalls auch Sicherung gegen Abheben
- Optimierung der schallschutztechnischen Entkoppelung der Auflager
- Erleichterung der exakten Positionierung der Raummodule im Montageablauf
- Optimierung der witterungsgeschützten Montage auch bei Niederschlag

18

19

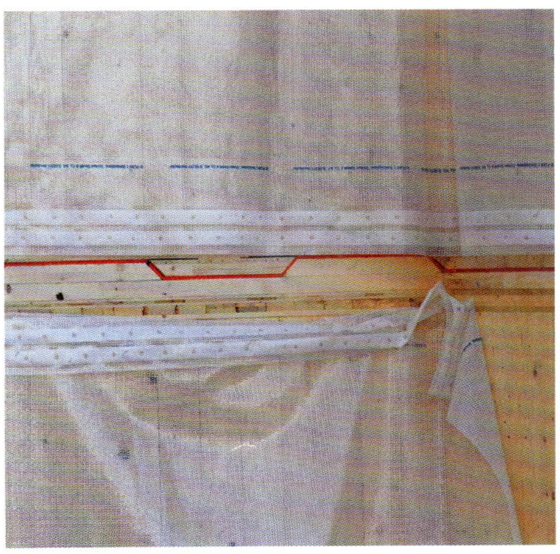

20

16 prinzipielle Möglichkeiten der Aussteifung von Raummodulgebäuden; In Längsrichtung ist die Aussteifung über die vielen Wände in der Regel kein Problem.
  a Module werden in beiden Richtungen über die Modulwände ausgesteift.
  b Module werden mit einer zusätzlichen Konstruktion, in diesen Fall Zugdiagonalen, ausgesteift.
  c Module werden in Längsrichtung des Gebäudes (Querrichtung der Module) druckfest zwischen zwei Kerne eingeklemmt. In Querrichtung können, je nach Anordnung, Gebäude bis zur Hochhausgrenze über die Vielzahl von Modullängswänden ausgesteift werden.
  d Module werden in beide Richtungen an einen Kern angeschlossen.
  e Module werden in Längsrichtung des Gebäudes zug- und druckfest an den zentralen Kern angeschlossen (zur Aussteifung in Querrichtung der Module siehe a).

17 Verbindungen der Module
  a über Nocken und Taschen zur Positionierung und Querkraftübertragung
  b über konische Stäbe (nur zur Positionierung)

18 Nocken zur Übertragung von Aussteifungslasten im unteren Modul

19 Taschen zur formschlüssigen Verbindung im oberen Modul

20 formschlüssige Verbindung, Entkopplung mit Elastomerstreifen

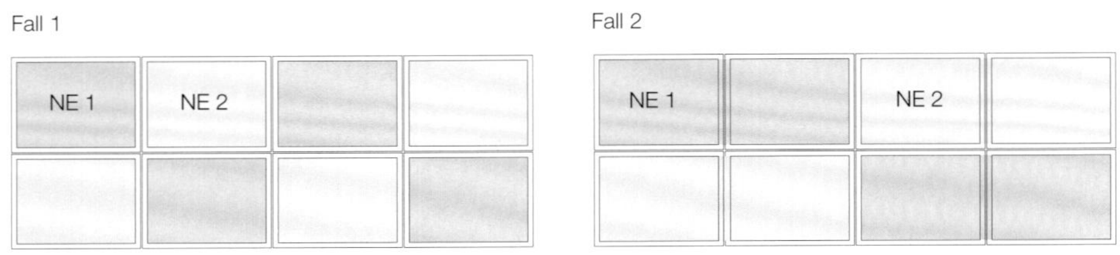

1

Schichtenaufbau

Dieses Kapitel behandelt mit den Trennwand- sowie den Decken- bzw. Bodenkonstruktionen die maßgeblichen Innenbauteile eines Raummoduls. Den Aufbau dieser Bauteile bestimmen neben den Aspekten der Oberflächengestaltung, der Fertigung und des Tragwerks vor allem die Anforderungen des Schall- und Brandschutzes.
Die bei Raummodulen systembedingte Doppelung von Wänden und Decken bzw. Böden deckt sich im Holzbau weitgehend mit den Notwendigkeiten des Schallschutzes. Das trifft insbesondere dann zu, wenn die Modultrennung mit der Grenze der Nutzungseinheit zusammenfällt (Abb. 1 Fall 1). Sind die Nutzungseinheiten größer als die Module, gibt es systembedingte Doppelungen zum Teil ohne schallschutztechnische Notwendigkeit (Abb. 1 Fall 2).

Schallschutz

Im Holzbau sind wegen der geringen Rohdichte des Materials mehrschalige Konstruktionen zur Gewährleistung hoher Schallschutzanforderungen notwendig. Entspricht ein Modul auch einer Nutzungseinheit, so betrifft die Doppelung der Konstruktion genau jene Bauteile, an die ohnehin erhöhte Schall- und Brandschutzanforderungen gestellt werden. Dieser Umstand macht Raummodule aus Holz im Vergleich zu solchen aus Stahlbeton konstruktiv effizienter. Wand- und Deckenstärken von Holz-Raummodulbauten sind in ihren Dimensionen vergleichbar mit Aufbauten von konventionellen Holzbauten. So ist ein zweischaliger Aufbau von Trennwänden auch im flächig vorgefertigten Holzbau üblich.
Bei Deckenkonstruktionen erweist sich neben der Luftschalldämmung vor allem der Trittschall als maßgebend (Abb. 2). Die übliche schallschutztechnische Entkoppelung übereinanderliegender Module durch Elastomerlager eignet sich dafür sehr gut: Die selbsttragende Decke ist optimal vom darüberliegenden Boden getrennt und funktioniert ähnlich einer abgehängten Decke. So lassen sich die Bodenaufbauten relativ unkompliziert und zumeist ohne die im Holzbau übliche und aufwendige Kombination aus Nassestrich und schwerer Schüttung ausführen. Dadurch werden Aufbauhöhe und Gewicht eingespart.

Brandschutz

Aus der Raummodulbauweise entstehen keine speziellen Anforderungen an den Brandschutz. Es gelten die jeweiligen Vorschriften der Bauordnungen und zusätzlichen Regelwerke für die Holzbauweise. Wichtig für die Definition der Anforderungen ist das Verständnis für die Beanspruchungen der Bauteile im Brandfall. Alle tragenden Bauteile müssen die in der jeweiligen Bauordnung geforderten – oder auch im projektspezifischen Brandschutzkonzept definierten – Anforderungen erfüllen. Die Moduldecke ist in der Regel beim vertikalen Lastabtrag nicht beteiligt, für die Aussteifung des Gebäudes kann sie jedoch herangezogen werden. In diesem Fall handelt es sich um ein tragendes Bauteil mit entsprechender Brandschutzanforderung. So ist bei dieser Decke zu gewährleisten, dass über die geforderte Dauer der Brandbeanspruchung ihre Tragfähigkeit aufrechterhalten bleibt. Sie muss auf Abbrand bemessen oder alternativ brandschutztechnisch gekapselt sein.
Ist die Moduldecke als nicht tragendes Bauteil ausgelegt, kann sie als brennbare oder nicht brennbare Schutzschicht für den darüberliegenden Modulboden herangezogen werden. In diesem Fall ist es auch zulässig, dass Deckenteile im Brandfall nach einer gewissen Brandzeit herabfallen und sie nicht zwingend über

1 Verhältnis Raummodul – Nutzungseinheit (NE)
2 Anforderungen hinsichtlich Luft- und Trittschall
3 Brandbeanspruchung von Wand- (a) und Deckenkonstruktionen (b)

die gesamte Feuerwiderstandsdauer tragfähig bleibt.
Die Brandbeanspruchung von oben übernimmt in der Regel der Bodenaufbau, z. B. ein nicht brennbarer Estrich, der wie eine Kapselung wirkt. Trotzdem muss der Rohboden für die je nach Gebäudeklasse geforderte Brandwiderstandsdauer ausgelegt sein.
Die tragenden Wände der Module müssen nur raumseitig mit Brandbeaufschlagung bemessen bzw. je nach Anforderung gekapselt sein: sind die Fugen hohlraumfrei mit nicht brennbaren Dämmmatten etwa aus Mineralwolle gefüllt, ist eine Brandausbreitung in der Fuge zwischen den Raummodulen sicher ausgeschlossen. Besteht eine Nutzungseinheit aus mehreren Modulen, z. B. mit verbindenden Durchgängen, müssen die Wände in diesem Bereich für beidseitige Brandbelastung ausgelegt sein (Abb. 3).

Deckenkonstruktionen

Im Folgenden wird anhand der Beispiele im Projektteil (S. 64ff.) die Bandbreite an Deckenkonstruktionen dokumentiert und die verwendeten konstruktiven Strategien verglichen (Abb. 4, S. 38). Unter Typ 1 werden die Brettsperrholz-Konstruktionen zusammengefasst, alternativ sind jedoch auch andere massive Holzdecken beispielsweise aus Brettschicht- oder Brettstapelholz denkbar. Typ 1.1 stellt eine häufig verwendete Konstruktion dar, die hohe Schall- und Brandschutzanforderungen gewährleistet. Der Bodenaufbau des oberen Moduls weist einen trittschallentkoppelten Estrich und eine schwere Schüttung moderater Höhe auf. Es werden meist Trockenestriche verwendet, um die Vorfertigung nicht durch Trocknungszeiten zu verkomplizieren. Die Schüttung bietet neben ihrem Beitrag zum Schallschutz auch die Möglichkeit,

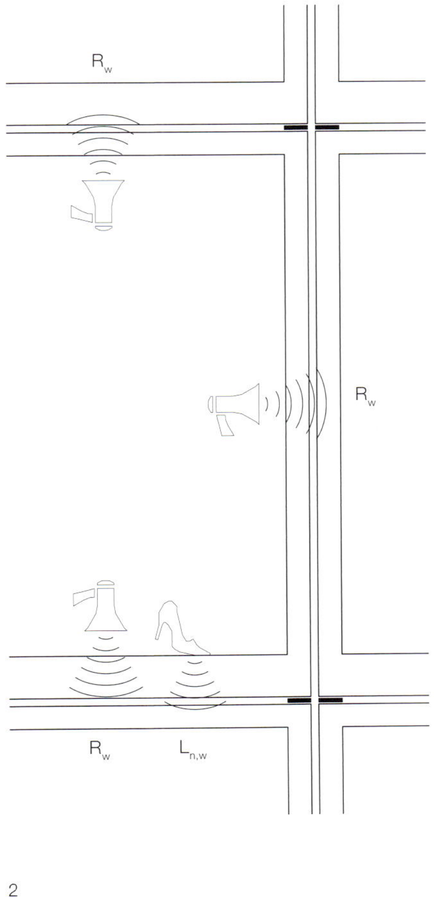

2

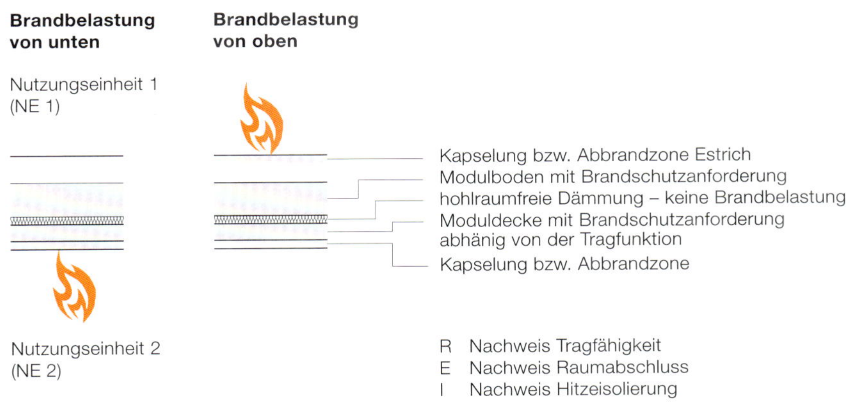

a

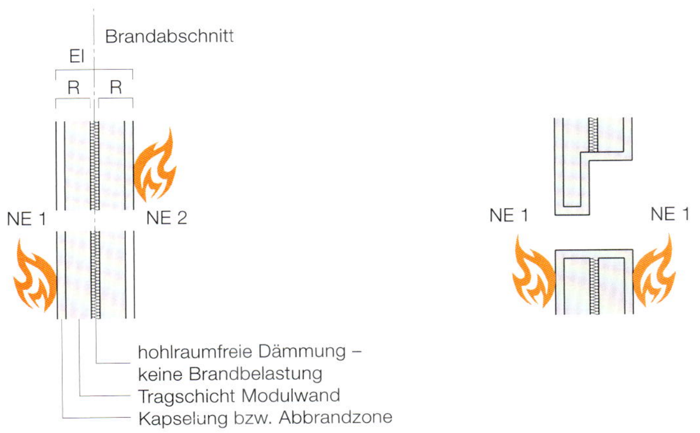

3b **Trennwand Brandbelastung einseitig**

interne Wand Brandbelastung beidseitig

Typ 1.1

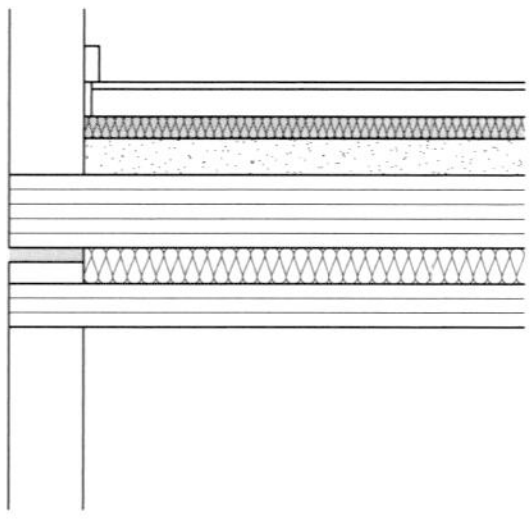

Typ 2

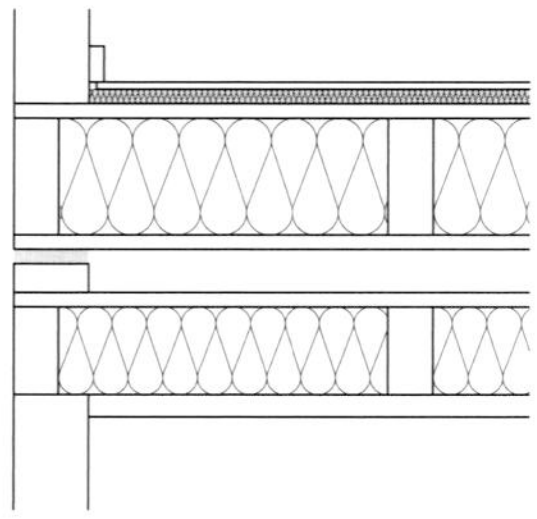

Typ 3

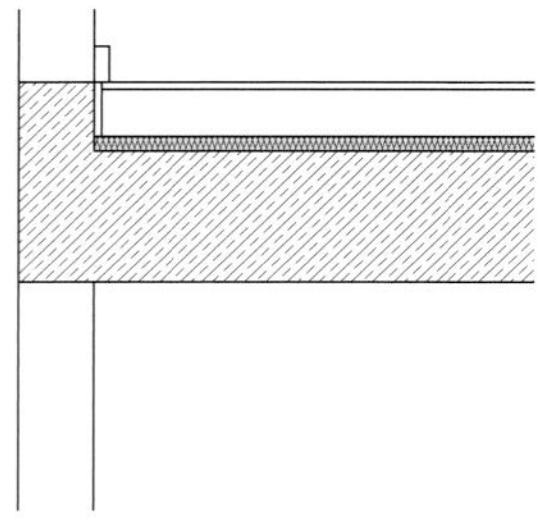

Entkopplung Schallschutz

Typ 1.2

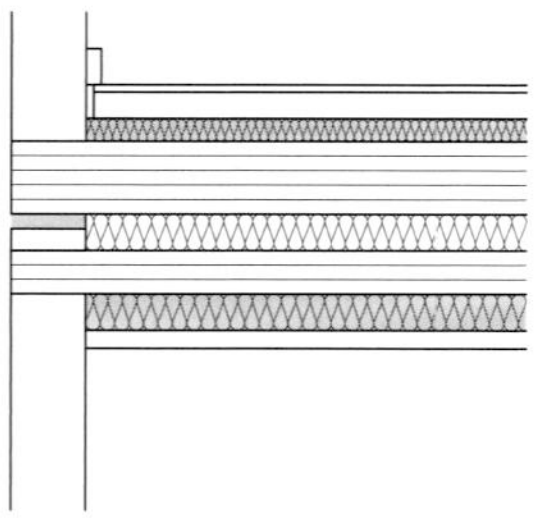

Typ 1.3

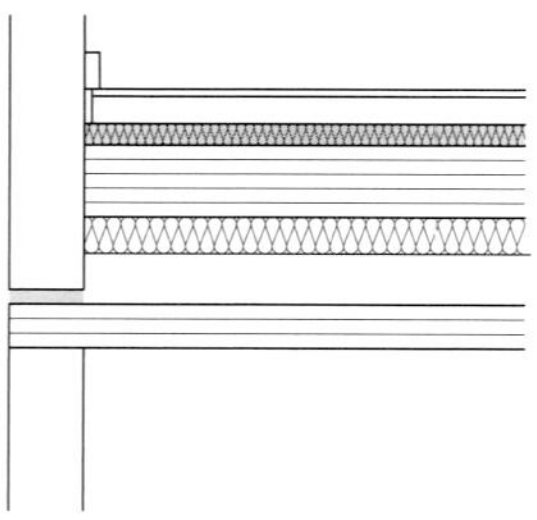

Typ 1.4

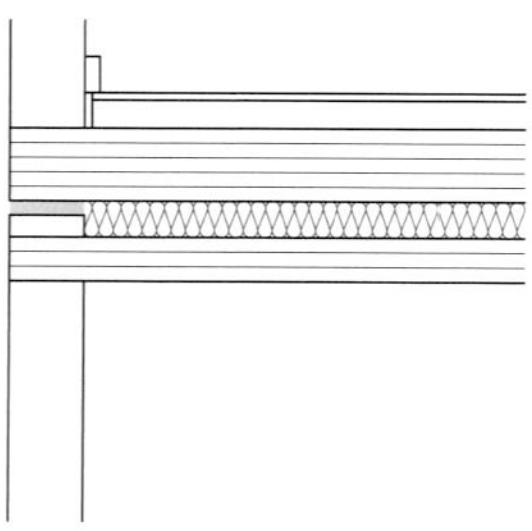

Typ 1.5

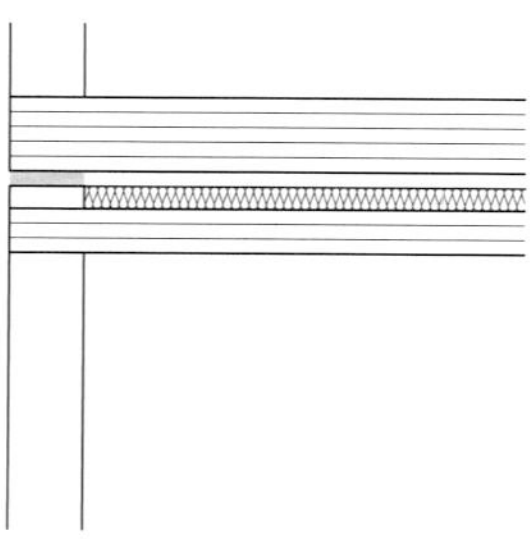

4

Haustechnikleitungen in dieser Ebene zu verlegen. Die Dämmmatte zwischen den Tragschichten ist am unteren Modul befestigt. Ihr Beitrag zum Schallschutz steigt mit zunehmender Schichtdicke. Daneben sichert diese Dämmung die Hohlraumfreiheit der Konstruktion, was aus Sicht des Brandschutzes eine erhebliche Qualität darstellt, da sich so die Brandausbreitung zwischen den Modulen ausschließen lässt. Die Brettsperrholzdecke des unteren Moduls ist von unten sichtbar und muss, wenn sie im Brandfall zur Tragfähigkeit beiträgt, entsprechend auf Abbrand bemessen werden. Alternativ ist es möglich, die Decke direkt mit nicht brennbaren Platten zu beplanken, um die Tragkonstruktion brandschutztechnisch zu kapseln oder auch nur eine neutrale Sichtoberfläche zu ermöglichen (siehe Erweiterungsneubau Hotel Katharinenhof in Dornbirn, S. 72f.). Dieser Typ findet sich bei Wohngebäuden oder Hotels.
Die Variation der Konstruktion bei Typ 1.2 erklärt sich sowohl aus der Nutzung als Schulgebäude als auch aus dem Fertigungsprozess. Da in diesem Fall offene Raummodule zum Einsatz kommen, muss der Bodenaufbau vor Ort eingebracht werden. Im Sinne einer zügigen Fertigstellung ist hier der Aufbau minimiert, auf eine Schüttung wird verzichtet, was sich angesichts der großen Spannweite auch günstig auf die Dimensionierung der Tragkonstruktion auswirkt. Die schallschutztechnische Einbuße wird zumindest zum Teil durch die vorgefertigte, abgehängte Decke aus Holzwolle-Leichtbauplatten kompensiert, die jedoch primär der Verbesserung der Raumakustik der Klassenräume dient.
Die Typen 1.3–1.5 stellen schrittweise Vereinfachungen des Schichtenaufbaus mit entsprechend niedrigerem Schallschutzniveau dar. Typ 1.3 verzichtet ebenfalls auf eine zusätzliche Schüttung, weist jedoch dank des schwimmenden Estrichs und des Modulstoßes weiterhin zwei Ebenen der Schallentkoppelung auf. Typ 1.4 arbeitet mit einem Verbund-Zementestrich, der für den Brandschutz von oben sorgt, als zusätzliche Speichermasse fungiert und das Schwingungsverhalten der Decke verbessert (siehe Wohnanlage in Toulouse, S. 89ff.). Gegenüber einem schwimmenden Estrich ist der Schallschutz jedoch deutlich schlechter. In Frankreich sind die Mindestanforderungen an den Trittschallschutz im Vergleich zu den meisten anderen zentraleuropäischen Ländern jedoch relativ gering.
Beim extrem schichtenarmen Aufbau Typ 1.5 dient der Boden des oberen Moduls zugleich als Tragkonstruktion, Gehbelag, Brandschutzschicht und schallschutztechnisch in gewisser Weise analog zu einem schwimmenden Estrich.
Die leichten Balkendecken des Typs 2 zeigen eine gänzlich andere Herangehensweise: Den Brandschutz übernehmen hier die tragenden Deckenelemente. Die Mehrschichtigkeit beider Rohkonstruktionen mit Beplankungen und Dämmschichten (Feder-Masse-Prinzip) wirkt sich günstig auf den Schallschutz aus und erlaubt trotz geringer Masse die weitgehende Reduktion des Bodenaufbaus auf den Gehbelag mit leichter Trittschallentkoppelung. Der Gesamtaufbau dieser Konstruktionen ist im Vergleich zu den Massivholzkonstruktionen jedoch deutlich höher.
Bei Typ 3 macht das Fertigungsprinzip der Feldfabrik einen Transport der Raummodule auf der Straße überflüssig und erlaubt so eine hybride Lösung: Raummodule ohne Decke werden direkt auf der Baustelle aus vorgefertigten flächigen Elemente witterungsgeschützt zusammengesetzt. Wie bei einem konventionellen Stahlbetongebäude erfüllt die Rohdecke aus Stahlbeton die Brandschutzanforderung und in Zusammenspiel mit

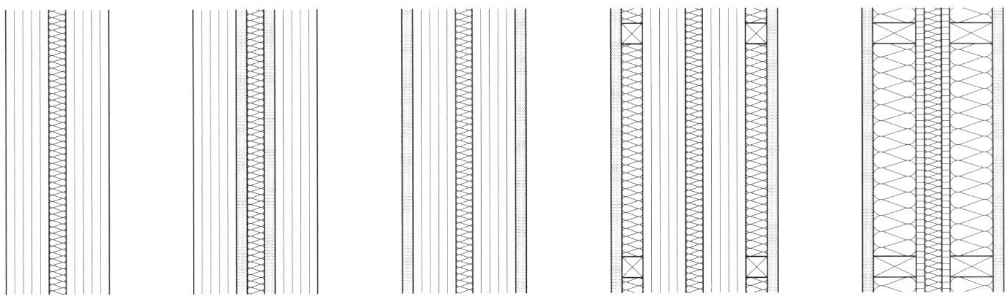

5 Typ 1 Typ 2 Typ 3 Typ 4 Typ 5

dem schwimmenden Estrich auch den Schallschutz.

Trennwandkonstruktionen

Die Übersicht in Abb. 5 zeigt die verwendeten Typen für Trennwandkonstruktionen – ausgehend von der einfachsten Konstruktion hin zu Aufbauten mit zahlreichen Schichten.
Bei den Typen 1–4 handelt es sich um Konstruktionen mit Brettsperrholz. Die Wandstärken der Rohkonstruktion variieren je nach Geschosszahl (2–7 Geschosse) und Brandbeaufschlagung zwischen 78 und 125 mm je Modulwand. Das flächig abtragende Brettsperrholz ermöglicht auch bei hohen Brandschutzanforderungen grundsätzlich den Einbau von Schaltern und Steckdosen, da im Brandfall nur partielle Störungen entstehen und die Tragfähigkeit (R) der einzelnen Modulwand nicht unzulässig beeinträchtigt wird. Für den Nachweis des Raumabschlusses (E) und der Wärmedämmung (I) können beide Wände addiert werden. Die Schalter- und Steckdosen in den Modulwänden müssen versetzt zueinander angeordnet sein, um ein Durchbrennen zu verhindern.
Typ 1 ist trotz schalltechnischer Entkoppelung nur für interne Wände mit geringen Schallschutzanforderungen oder bedingt für Mindestanforderungen von Trennwänden geeignet. In letzterem Fall sind in der Regel projektspezifische Schallmessungen notwendig. Typ 2 und 3 weisen zusätzliche Beplankungen aus Gipskarton auf und erreichen so auch erhöhte Schallschutzanforderungen. Während bei Typ 2 die Holzoberfläche sichtbar bleibt und das Brettsperrholz daher auf Abbrand bemessen werden muss, kann bei Typ 3 die Gipskartonschale auch die brandschutztechnische Kapselung übernehmen.
Typ 4 ermöglicht eine weitere Steigerung des Schallschutzniveaus durch biegeweich befestigte Vorsatzschalen. Der Brandschutz kann in diesem Fall entweder durch den Rohbau oder die Vorsatzschalen übernommen werden. Letzteres, falls Leitungen leichter in der Installationsschicht zu führen sind.
Der auf der Rahmenbauweise basierende Typ 5 erfüllt – in Abhängigkeit von den verwendeten Materialien für die Beplankung – hohe Schall- und Brandschutzanforderungen.

Gebäudehülle

Im Folgenden werden die wesentlichen an die Raummodulkonstruktion anschließenden Konstruktionen – Außenwand, Balkon, Dach und Sockel – in ihren grundsätzlichen Varianten betrachtet.

Außenwand

Bei typischen Raummodulbauten mit tragenden Modullängswänden sind die Gebäudeaußenwände nicht tragend. Sie können dann entweder als Holzrahmen- oder als relativ dünnes Brettsperrholzelement mit außenliegender Wärmedämmung ausgebildet werden. Sind die Außenwände hingegen tragend konzipiert, erhöht sich die Gesamtstärke der Wand entsprechend um die Tragschicht. Auch die Brandschutzanforderung ist wesentlich davon abhängig, ob die Außenwand tragend oder nicht tragend ausgebildet wird. Das gilt auch für einen möglichen Beitrag der Außenwände zur Gebäudeaussteifung.
Bei der technischen und gestalterischen Konzeptionierung der Fassade spielt die Fuge zwischen den Modulen eine wichtige Rolle. Die Schichten der Wärmedämmung, Winddichtung und Fassadenbekleidung müssen kontinuierlich über die Fuge hinweggeführt werden. Das Verbinden dieser Schichten erfolgt vor Ort, da ein komplett vorgefertigter Anschluss aller

4 Typologie Deckenkonstruktionen, schematische Aufbauten, Maßstab 1:20
Typ 1.1 Wohnanlage »Wohnen 500« in Mäder (S. 92f.)
Seniorenwohnhaus in Hallein (S. 84ff.)
Flüchtlingsunterkunft in Hannover (S. 94ff.)
Studentenwohnheim Woodie in Hamburg (S. 80ff.)
Hotel Katharinenhof in Dornbirn (S. 72f.)
Wohn- und Pflegeheim mit Kindergarten in Fieberbrunn (S. 69ff.)
Typ 1.2 Europäische Schule in Frankfurt am Main (S. 102ff.)
Typ 1.3 Wohnanlage Puukuokka in Jyväskylä (S. 86ff.)
Typ 1.4 Wohnanlage in Toulouse (S. 869ff.)
Typ 1.5 Hotel Ammerwald bei Reutte (S. 66ff.)
Typ 2 Wohnhochhaus Treet in Bergen (S. 77ff.)
Bürogebäude in Wabern (S. 100f.)
Modulare Schulen in Zürich (S. 97ff.)
Typ 3 Studentenwohnheim in Heidelberg (S. 74ff.)

5 Typologie Trennwandkonstruktionen, schematische Aufbauten, Maßstab 1:20
Typ 1 Europäische Schule in Frankfurt am Main (S. 102ff.)
Typ 2 Hotel Ammerwald bei Reutte (S. 66ff.)
Studentenwohnheim Woodie in Hamburg (S. 80ff.)
Flüchtlingsunterkunft in Hannover (S. 94ff.)
Wohnanlage »Wohnen 500« in Mäder (S. 92f.)
Typ 3 Wohnanlage Puukuokka in Jyväskylä (S. 86ff.)
Studentenwohnheim in Heidelberg (S. 74ff.)
Hotel Katharinenhof in Dornbirn (S. 72f.)
Bürogebäude in Wabern (S. 100f.)
Seniorenwohnhaus in Hallein (S. 84ff.)
Typ 4 Wohnanlage in Toulouse (S. 89ff.)
Typ 5 Modulare Schulen in Zürich (S. 97ff.)
Wohnhochhaus Treet in Bergen (S. 77ff.)

6 Schema Modulstoß

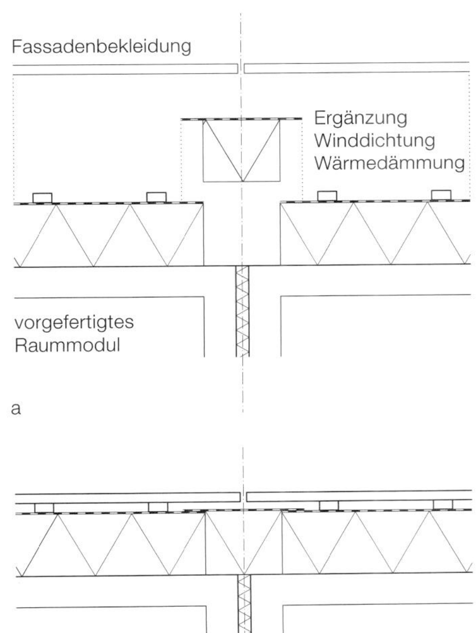

6b

Vorfertigung inklusive Bekleidung
→ Betonung der Fuge

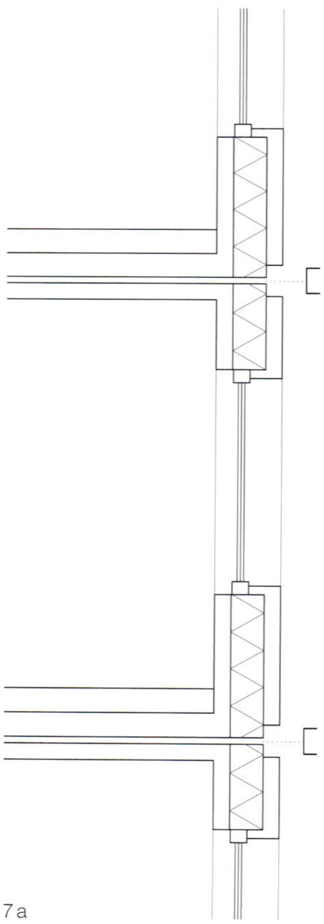

7 a

Vorfertigung inklusive Bekleidung
→ Negierung der Fuge

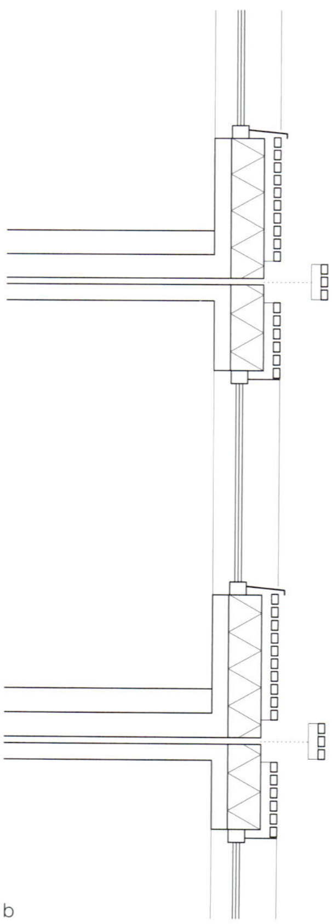

b

Vorfertigung ohne Bekleidung
→ Betonung der Fuge

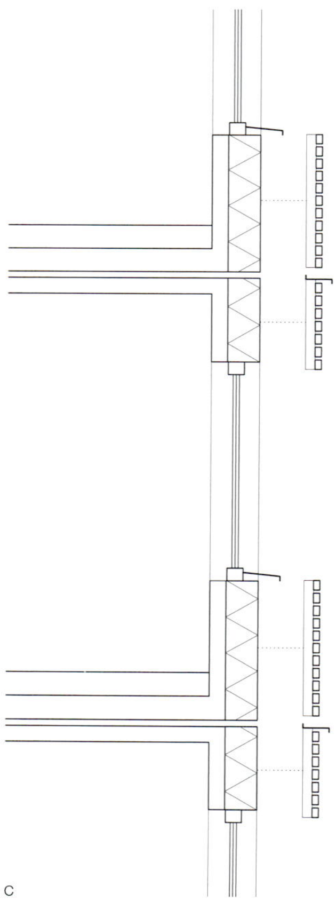

c

Vorfertigung ohne Bekleidung
→ Negierung der Fuge

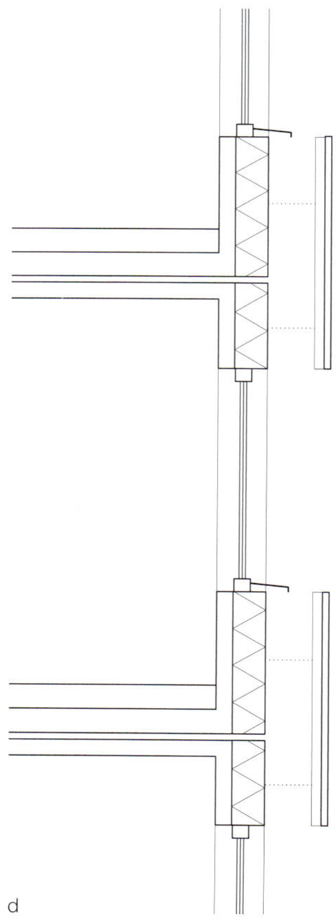

d

7 Typologie Modulstoß abhängig vom Vorfertigungsgrad (Prinzipschnitte und beispielhafte Ausführung)
a Vorfertigung inkl. Bekleidung mit Betonung der Fuge (Foto: Schule, Zürich (CH) 2015, Bauart Architekten und Planer)
b Vorfertigung inkl. Bekleidung und Negierung der Fuge (Foto: Impulszentrum Graz (AT) 2004, Hubert Rieß)
c Vorfertigung ohne Bekleidung mit Betonung der Fuge (Foto: Studentenwohnheim Woodie, Hamburg (DE) 2017, Sauerbruch Hutton)
d Vorfertigung ohne Bekleidung und Negierung der Fuge (Foto: Wohnanlage Puukuokka, Jyväskylä (FI) 2015–2017, OOPEAA)
8 vorgestellte Balkonkonstruktion, Wohnanlage »Wohnen 500«, Mäder (AT) 2016, Johannes Kaufmann Architektur
9 typische Balkonkonstruktionen, Vertikalschnitte,
a vorgestellt mit eigener Gründung
b abgehängt
c eingeschnitten bzw. zurückversetzt

8

Schichten bislang nicht mit vertretbarem Aufwand zuverlässig und kontrollierbar im Werk herstellbar ist und sich die erforderlichen Schritte auf der Baustelle zudem relativ schnell und ohne großen Aufwand durchführen lassen (Abb. 6, S. 39).
Hinsichtlich des Vorfertigungsgrads der Fassaden bestehen im Wesentlichen zwei Möglichkeiten:

- komplette Vorfertigung inklusive Bekleidung (Abb. 7a, b): Fassaden von Raummodulbauten lassen sich inklusive Bekleidungsschicht modulweise komplett vorfertigen, sodass vor Ort nur noch die Fugen zwischen den Modulen zu vervollständigen sind. In der Folge zeichnen sich je nach Gestaltung der Fassaden die Fugen zwischen den Modulen mehr oder weniger deutlich sichtbar ab. Die Strategie der betonten Fuge wird häufig bei Bauten mit eher temporärem Charakter verfolgt.
- nachträgliche Montage der Bekleidung (Abb. 7c,d): In der Regel wird die Unterkonstruktion der Fassadenbekleidung bereits auf dem Modul vormontiert. Die Fassadenbekleidung erst nach dem Versetzen der Module aufzubringen, bietet Vorteile. Die Winddichtung der einzelnen Module lässt sich leicht verbinden und die so erreichte Witterungsbeständigkeit ist für die Bauphase ausreichend. Zudem sind in der Gestaltung der Fassadenbekleidung wesentlich mehr Freiheiten gegeben, da die Modulfugen nicht zwingend nach außen abgebildet werden müssen. Die Bandbreite reicht von Lösungen mit einer völligen Negierung der Elementstöße (z.B. Wohnanlage Puukuokka Jyväskylä, Abb. 7d und S. 86ff.) bis hin zur Betonung der Modularität als Gestaltungsidee der Fassade (z.B. Studentenwohnheim Woodie in Hamburg, Abb. 7c und S. 80ff.). Die Bekleidung selbst lässt sich ebenfalls in Form von Elementen vorfertigen und sehr zügig montieren.

Bei mehrgeschossigen Gebäuden mit brennbaren Fassaden besteht je nach Bauordnung die Anforderung, die Hinterlüftungsebene horizontal in bestimmten Abständen z.B. mit Stahlblechen zu unterbrechen, um im Brandfall einen Kamineffekt und damit einen raschen Brandüberschlag zwischen den Geschossen zu verhindern. In diesem Fall ist eine horizontale Trennung zwischen den Modulen auch technisch bedingt.

Balkone, Loggien und Laubengänge

Im Raummodulbau haben sich thermisch entkoppelte und konstruktiv unabhängige Konstruktionen für Balkone und Laubengänge durchgesetzt. Die konsequenteste Lösung ist dabei der vorgestellte Balkon mit eigener Gründung, der am Bestand nur zur Lagefixierung punktuell befestigt ist (Abb. 8 und 9a).
Die Balkone können auch abgehängt und die Lasten über das Dach in die tragenden Wände eingeleitet werden (Abb. 9b). Diese Lösung bietet sich an, wenn die Anforderung nach einem stützenfreien Erdgeschoss (z.B. Straßenrandbebauung, Rangierverkehr etc.) besteht. Die projektspezifische Gestaltung und Konstruktion vorgestellter sowie abge-

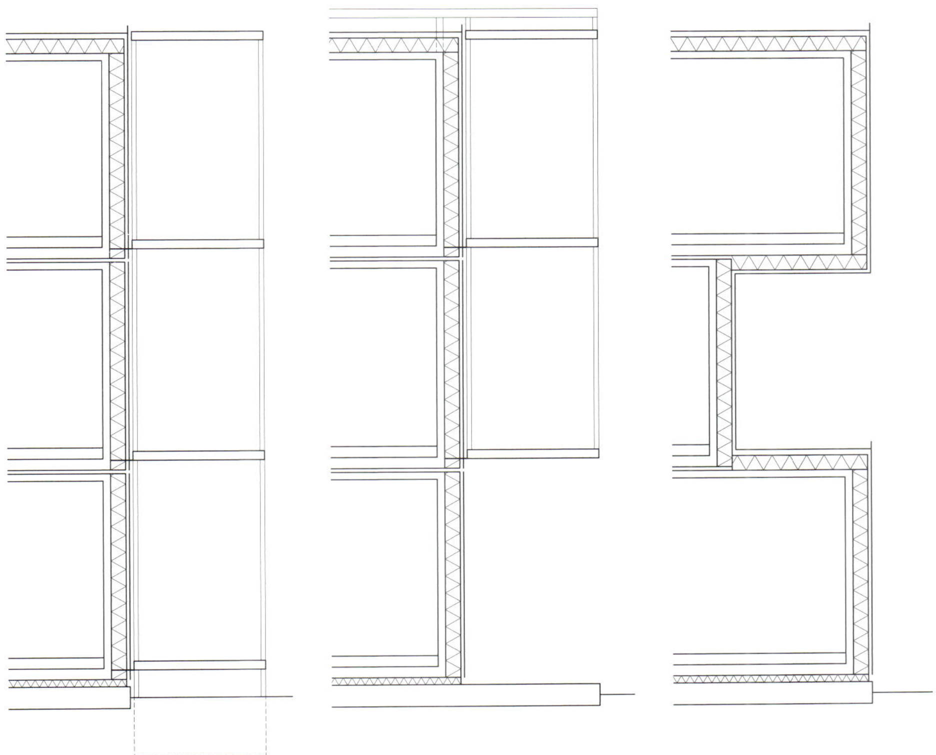
9a b c

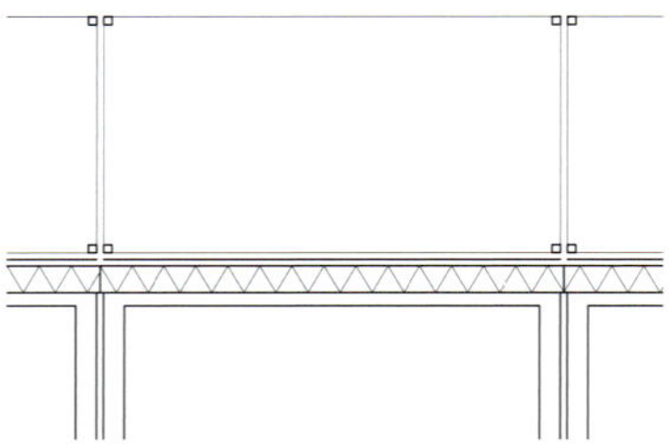

10a

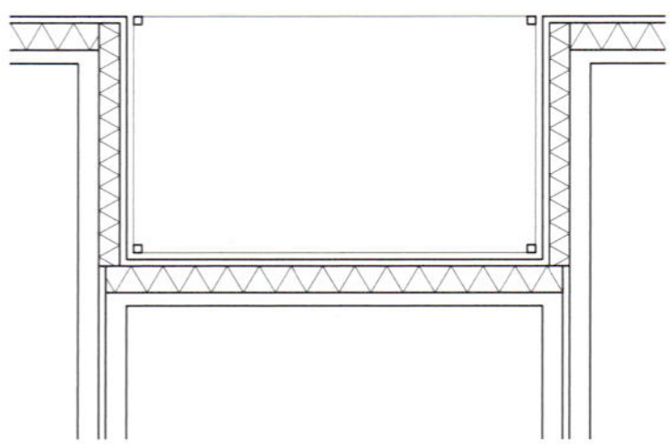

b

11 

12 

hängter Balkone ist von der Raummodulbauweise prinzipiell unabhängig. Es ist auch denkbar, Balkone selbst als räumliche Gesamteinheit vorzufertigen (Abb. 11).
Interessante Gestaltungsmöglichkeiten bietet das Einschneiden von Loggien oder Laubengängen in den Baukörper, es ist jedoch auch mit erheblichen konstruktiven Herausforderungen verbunden (Abb. 9c, S. 41). Hinsichtlich des Tragwerks liegt es nahe, die Modulwände in diesem Fall als auskragende, wandartige Träger auszubilden. Die Lastspitzen aus der Auskragung müssen dann ausreichend schallentkoppelt in das darunterliegende Geschoss eingebracht werden. Den Modulrohboden im Bereich der Loggia – anders als im Innenraum – nicht auszuführen, ist geometrisch interessant, da sich auf diese Weise eine hohe Stufe von innen nach außen vermeiden lässt. Die Belastung der darunterliegenden Moduldecke ändert sich durch die Ausbildung der Loggia jedoch grundsätzlich und stellt einen Sonderfall im System dar. Sie muss – anders als sonst – erhebliche Verkehrslasten abtragen und zudem die Brandbeaufschlagung von unten und oben übernehmen. Der Aufbau hat die vereinbarten Anforderungen an Trittschall und Außenlärm zu erfüllen. Der Gehbelag der Loggia muss aus Schallschutzgründen entkoppelt werden, je nach Anforderungsniveau kann zusätzlich eine abgehängte biegeweiche Schale erforderlich sein.
Entkoppelte Balkonzonen können, wie bereits beschrieben, vor den Baukörper gestellt oder aber auch in Art einer Loggia vor einem entsprechend verkürzten Raummodul platziert werden. Bei dieser Lösung wirkt sich die zweischalige Bauweise geometrisch günstig aus, da es möglich ist, die den Balkon flankierenden Außenwände in der Ebene der zweiten Wandschale zu dämmen. So geht die

10 typische Balkonkonstruktionen im Grundriss
a vorgestellt
b verkürztes Raummodul
11 Raummodule als Balkonkonstruktion vor flächig vorgefertigtem, dreigeschossigem Holzbau auf einem Sockel aus Stahlbeton, Wohn- und Geschäftshaus WylerPark, Bern (CH) 2008, Rolf Mühlethaler Architekten
12 Hotel Katharinenhof, Dornbirn (AT) 2017, Johannes Kaufmann Architekten
13 Schema möglicher Dachkonstruktionen
a Flachdach
b aufgesetzte Steildachkonstruktion, warmer Dachraum
c aufgesetzte Steildachkonstruktion, kalter Dachraum
d Sonderform, raumhaltiges Dachmodul

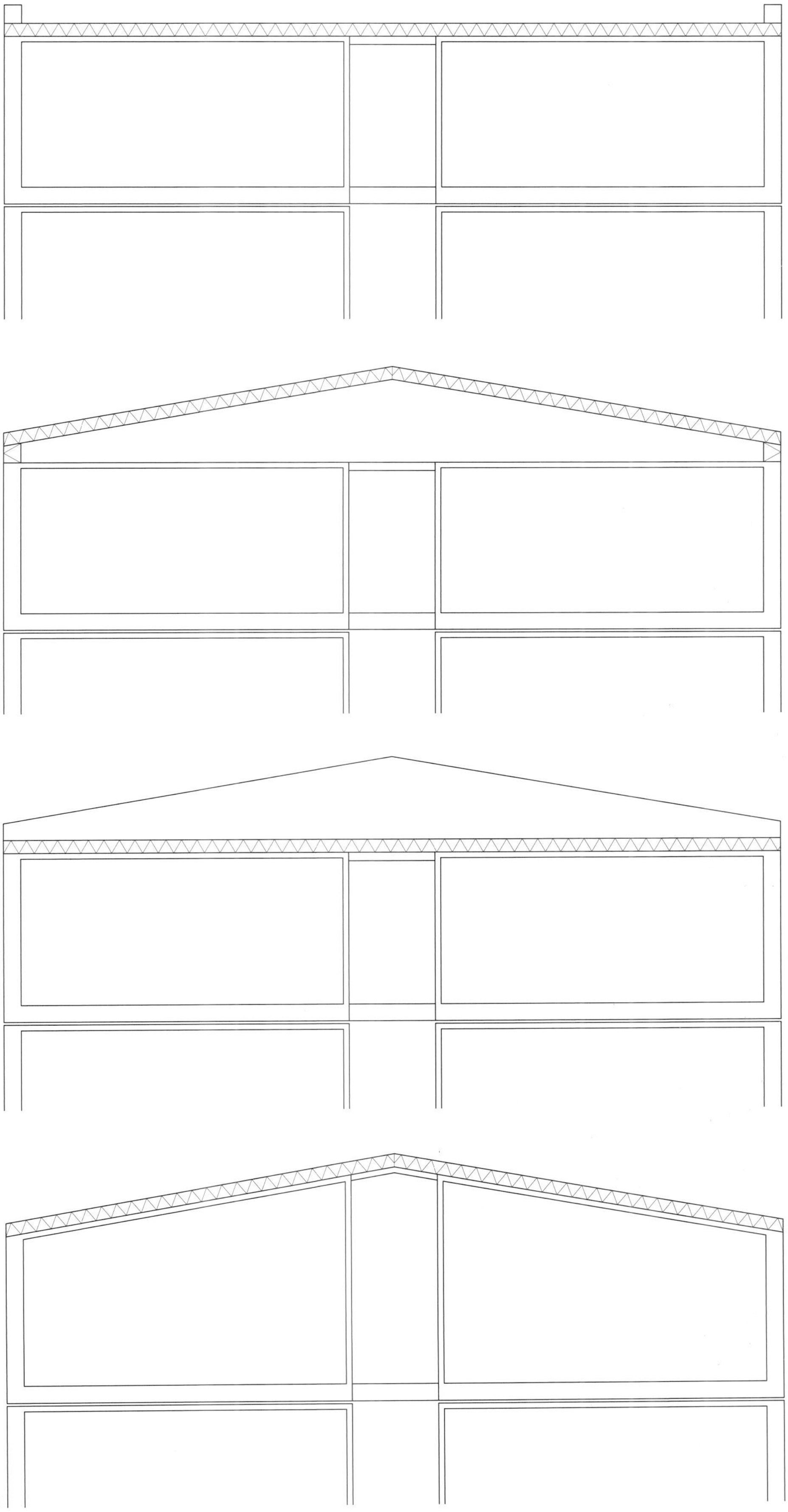
a b c 13d

Innenwand stufenlos in die Außenwand über und die Ansicht der Balkonöffnung entspricht der einer Fassadenöffnung bei Vollverglasung (Abb. 10).
Übereinanderliegende Loggien innerhalb der Modulgrenzen sind prinzipiell ebenfalls denkbar, haben jedoch einen erheblichen konstruktiven Mehraufwand zur Folge (z. B. Wohnanlage Puukuokka in Jyväskylaä, Abb. 7 d, S. 40 und S. 86ff.).

Sondertypen
Eine unkonventionelle Balkonkonstruktion weist die Erweiterung des Hotels Post in Bezau von 1998 auf. An den fassadenseitigen Modulecken sind L-Profile aus Stahl befestigt, die auskragend die Last der Holzbalkone in die Modulwände abtragen (Abb. 14, S. 13). Heutige Anforderungen an die Wärmebrückenfreiheit von Konstruktionen und die bauphysikalisch anspruchsvolle Durchdringung der Fassadenebenen haben Weiterentwicklungen von derartigen Konstruktionen nicht befördert.
Für die Zimmer des 2017 fertiggestellten Erweiterungsbaus des Hotels Katharinenhof in Dornbirn waren Kleinstbalkone gefordert (Abb. 12; siehe auch Vertikalschnitt S. 73). Diese bestehen aus 50 mm dicken Brettsperrholzplatten und wurden bereits in der Vorfertigung thermisch getrennt an den Modulen rückverankert. Zusammen mit dem Sonnenschutz sind sie fassadenbündig in die Metallfassade integriert.

Dach
Die Raummodulbauweise ist prinzipiell für alle Dachkonstruktionen und -formen geeignet (Abb. 13). Im Fall von geneigten Dächern sind auf die Regelmodule gesetzte Konstruktionen sowie Sondermodule mit geneigter Decke denkbar. Diese müssen auf das Tragwerk der Modulkonstruktion abgestimmt sein. Das Dach kann sowohl – wie in Skandinavien üblich

a

b

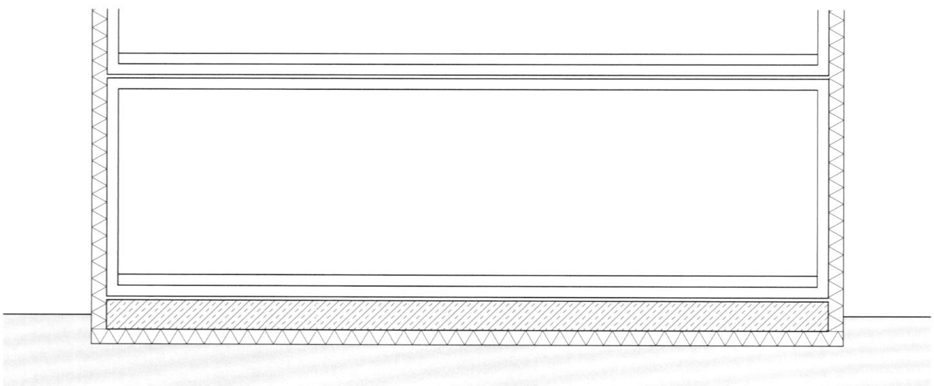

c

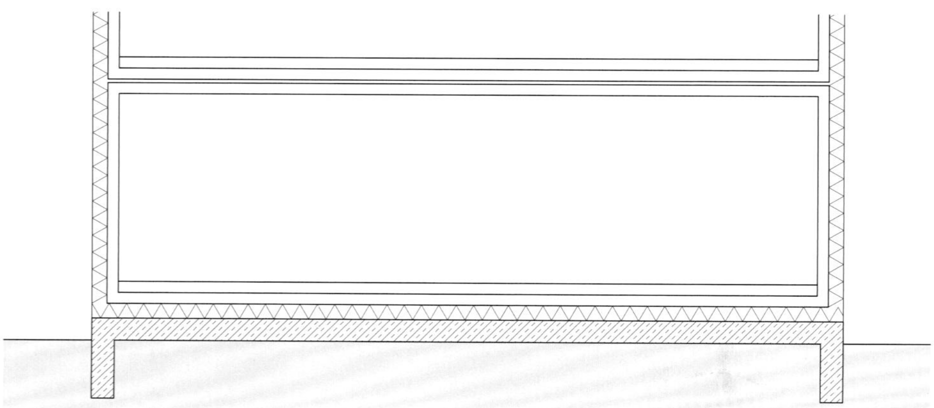

14 d

– als kalte Dachkonstruktion mit der Wärmedämmung auf der obersten Moduldecke konzipiert sein als auch über eine Wärmedämmung in der Dachebene verfügen.
Sehr viel häufiger sind jedoch Flachdächer, in der Regel mit Warmdachkonstruktion. Der aus Dampfbremse, Wärmedämmung, Flachdachabdichtung und eventuell Kiesschicht oder Dachbegrünung bestehende Dachaufbau wird meist nicht vorgefertigt, da er sich nach Montage aller Module wesentlich schneller und materialeffizienter vor Ort in der Fläche verlegen lässt. Es ist nicht notwendig, die Fugen zwischen den Modulen als Bewegungsfugen in den Abdichtungsebenen auszubilden, da die Bewegungen zwischen den Modulen minimal sind und von den Materialien aufgenommen werden können.
Der Dachrand wird häufig als Attika ausgeführt und lässt sich – abhängig von der Modul- und damit der Transporthöhe sowie anderen logistischen Überlegungen – mit vorfertigen oder nachträglich montieren.
Die Dachentwässerung führt sinnvollerweise nicht durch den Modulbereich, sondern erfolgt entweder als außenliegende Entwässerung über Dachrandabläufe und Fallrohre an der Fassade oder aber das Wasser wird über eine innenliegende Entwässerung etwa im Flurbereich abgeleitet.

Gründung

Bei Projekten mit besonderer erdgeschossiger Nutzung (Hotels etc.) wird häufig ein Sockelgeschoss in Massivbauweise ausgeführt, wodurch die Gründung der konventioneller Bauten entspricht (siehe auch »Holzbaukonstruktion«, S. 26ff.). Gleiches gilt im Fall einer für Raummodulbauten eher untypischen Unterkellerung. Bei der erdgeschossigen, nicht unterkellerten Gründung von Raummodulbauten

14 Strategien zur Gründung
a, b hinterlüftete Konstruktion
c, d Bodenplatte aus Stahlbeton

15 Einfluss der Gründung auf das Erscheinungsbild des Gebäude (links) und schematische Detailausbildung der Gründung, Maßstab 1:20 (rechts)
a Streifenfundamente, hinterlüftet, Balkendecke mit Zwischenbalkendämmung, Kindertagesstätte, Innsbruck (AT) 2018, Dietrich | Untertrifaller Architekten
b Punktfundamente, hinterlüftet, Brettsperrholzdecke mit außenliegender Wärmedämmung, Wohnungsbau, Toulouse (FR) 2015, PPA architectures
c Stahlbeton-Bodenplatte, nicht hinterlüftet, Wärmedämmung unter Bodenplatte, »Wohnen 500« – Wohnanlage, Mäder (AT) 2016, Johannes Kaufmann Architektur
d Stahlbeton-Bodenplatte, nicht hinterlüftet, Wärmedämmung über Bodenplatte, Europäische Schule, Frankfurt am Main (DE) 2015, NKBAK

a
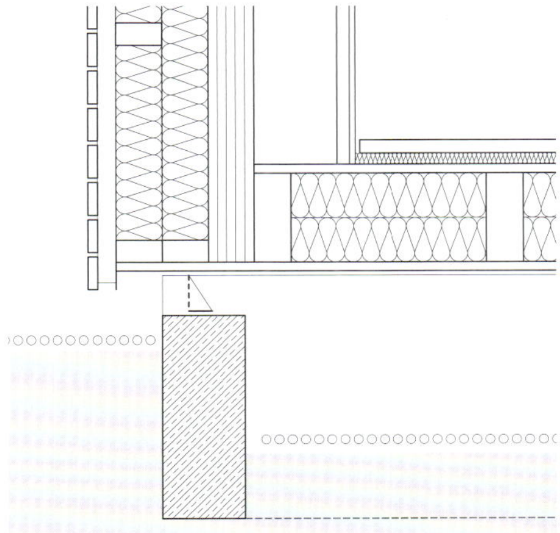

gibt es zwei unterschiedliche Strategien:

- hinterlüftete Konstruktionen:
  Bei einer hinterlüfteten Konstruktion sind die unteren Module wärmegedämmt und luftumspült vom Boden abgesetzt. Tragwerkstechnisch können Punktfundamente in Stahlbeton oder – bei geringen Lasten und temporärem Charakter – auch als Schraubfundamente ausgeführt werden. Auch Streifenfundamente – teils als Fertigteile in eine vor Ort gegossene Fundamentsohle gesetzt – eignen sich für hinterlüftete Konstruktionen (Abb. 14 a, b).
- Stahlbeton-Bodenplatten: Die Module werden auf eine flächig im Erdreich sitzende, vor der Erdfeuchte schützende Bodenplatte hohlraumfrei aufgesetzt. Dabei ist es möglich, die Wärmedämmung auf oder unter der Betonplatte auszuführen. Die Bodenplatte kann die Lasten flächig abtragen oder über darunter befindliche Streifenfundamente gespannt sein (Abb. 14 c, d).

Die Entscheidung für eine der Konstruktionen folgt einer Abwägung von funktionalen, konstruktiven, gestalterischen und prozessualen Aspekten sowie der geplanten Nutzungsdauer des Gebäudes. Aus Sicht der Gestaltung ist die grundsätzliche Entscheidung zu treffen, ob das Gebäude fest auf dem Grund verankert (Konstruktion mit Bodenplatte; Abb. 15 c, d) oder schwebend erscheinen soll (hinterlüftete Konstruktion; Abb. 15 a, b).
Der Grundsatz im Holzbau, die tragende Holzkonstruktion oberhalb des Erdreichs beginnen zu lassen, gilt auch im Raummodulbau und hat Einfluss auf das Niveau des Erdgeschosses. Ein möglichst geländenahes Fußbodenniveau begünstigt eine barrierefreie Erschließung.
Hinterlüftete Konstruktionen benötigen für die Luftschicht zusätzliche Höhe.

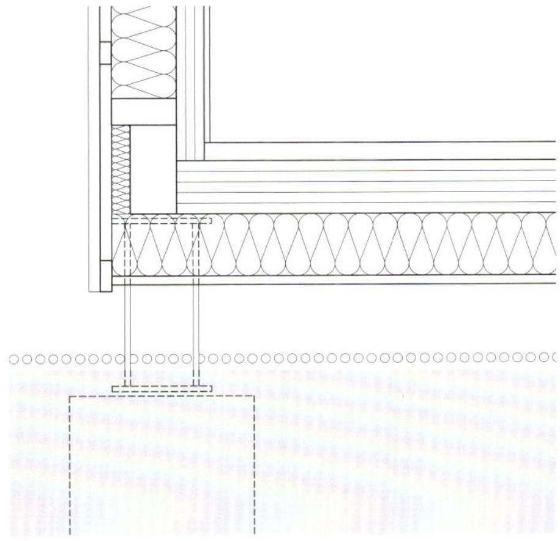

b

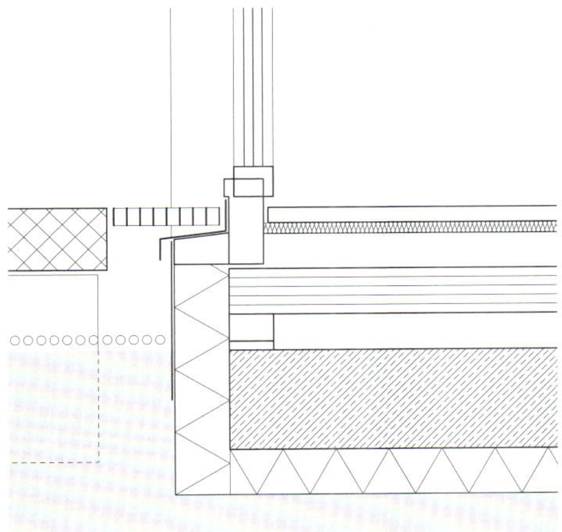

c

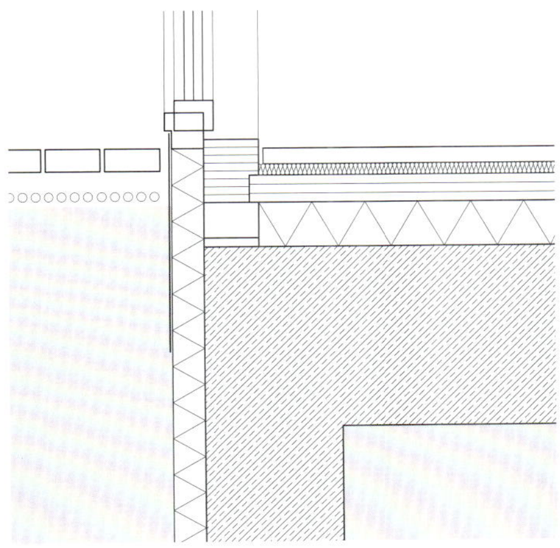

15 d

Diese sollte ausreichend bemessen sein, damit eine Revision durchführbar ist. Um Aufbauhöhe zu sparen, lässt sich die Hinterlüftungsebene ins Gelände absenken und der Boden der unteren Module als Balken- oder Kastendecke ausführen, sodass Wärmedämmung und Tragebene in derselben Schicht angeordnet sind. Konstruktiv gesehen sind sowohl Einzel- als auch Streifenfundamente sehr materialeffizient und damit ressourcenschonend. Als zusätzlicher Aufwand ist ein effektiver Schutz vor Kleintieren notwendig.
Hinterlüftete Konstruktionen verkomplizieren zudem die Vorfertigung: Die erdgeschossigen Module sind dann prinzipiell Sondertypen und müssen mit dem Bodenaufbau unterhalb des Rohmodulbodens (außenliegende Wärmedämmung, Winddichtung, schützende Bekleidung) vorgefertigt werden. Das erschwert den Ablauf in der Werkhalle durch die aufwendigere Lagerung und Logistik.
Die Gründungsarbeiten werden im Regelfall zeitlich parallel mit der Vorfertigung der Module ausgeführt (siehe auch »Prozess«, S. 50ff.).
Je nach Projekt und jahreszeitlicher Situation kann die Erstellung einer Stahlbetonbodenplatte jedoch zeitkritisch sein. Hinsichtlich des winterlichen wie auch sommerlichen Wärmeschutzes hat die Ausführung von massiven Bodenplatten leichte Vorteile, da die erdberührte Fläche mit weniger Kälte- bzw. Wärmeeinträgen belastet ist als bei hinterlüfteten Konstruktionen. Die Speichermasse der Bodenplatte kann jedoch generell nicht aktiviert werden, da Modulboden und Bodenaufbau eine zu hohe Dämmwirkung entwickeln. Das gilt sowohl für Konstruktionen mit der Dämmebene über wie auch unter der Bodenplatte.

Zusammenfassend lässt sich feststellen, dass die Tendenz im Raummodulbau hin zu flächigen Gründungen geht. Ausnahmen bilden dabei temporäre Gebäude mit dem Wunsch nach minimaler und reversibler Versiegelung.

Haustechnik

Einen wesentlichen Vorteil der Raummodulbauweise stellt die vollständige werkseitige Vorfertigung sämtlicher haustechnischer Leitungen, Steuerungseinheiten und Übergabestellen innerhalb des Moduls dar. Im Idealfall ist auch die Ausstattung des Raums bei der Montage des Moduls abgeschlossen und die Qualitätskontrolle findet weitgehend in der Werkhalle statt.
Umfang und Art der haustechnischen Ausstattung sind abhängig vom vereinbarten Projektstandard und prinzipiell unabhängig von der Raummodulbauweise. Die Möglichkeiten reichen von der einfachen Ausstattung einer Notunterkunft bis hin zum Komfort eines hochwertigen Hotels mit kontrollierter Lüftungsanlage und Klimatisierung.

Schachtanordnung und Brandabschottung

Die Planung der Haustechniktrassen sollte bereits im Vorentwurf bedacht werden, da sie auf die Grundrissgestaltung großen Einfluss hat. Zwei wesentliche Faktoren, die es in der Haustechnikplanung initial zu berücksichtigen gilt, sind die Aspekte der Vorfertigung und des Brandschutzes.
Die primären Entscheidungen betreffen die horizontale oder alternativ vertikale Brandabschottung und die Lage der Haustechnikschächte (innerhalb oder außerhalb der Module; Abb. 16). Dabei spielt auch der Prozess der Montage eine wichtige Rolle. Da die Module häufig über größere Distanzen transportiert werden, sind mit der Montage vor Ort meist andere Sanitär- und Elektrofirmen als die

16 Schachtanordnung und Brandabschottung

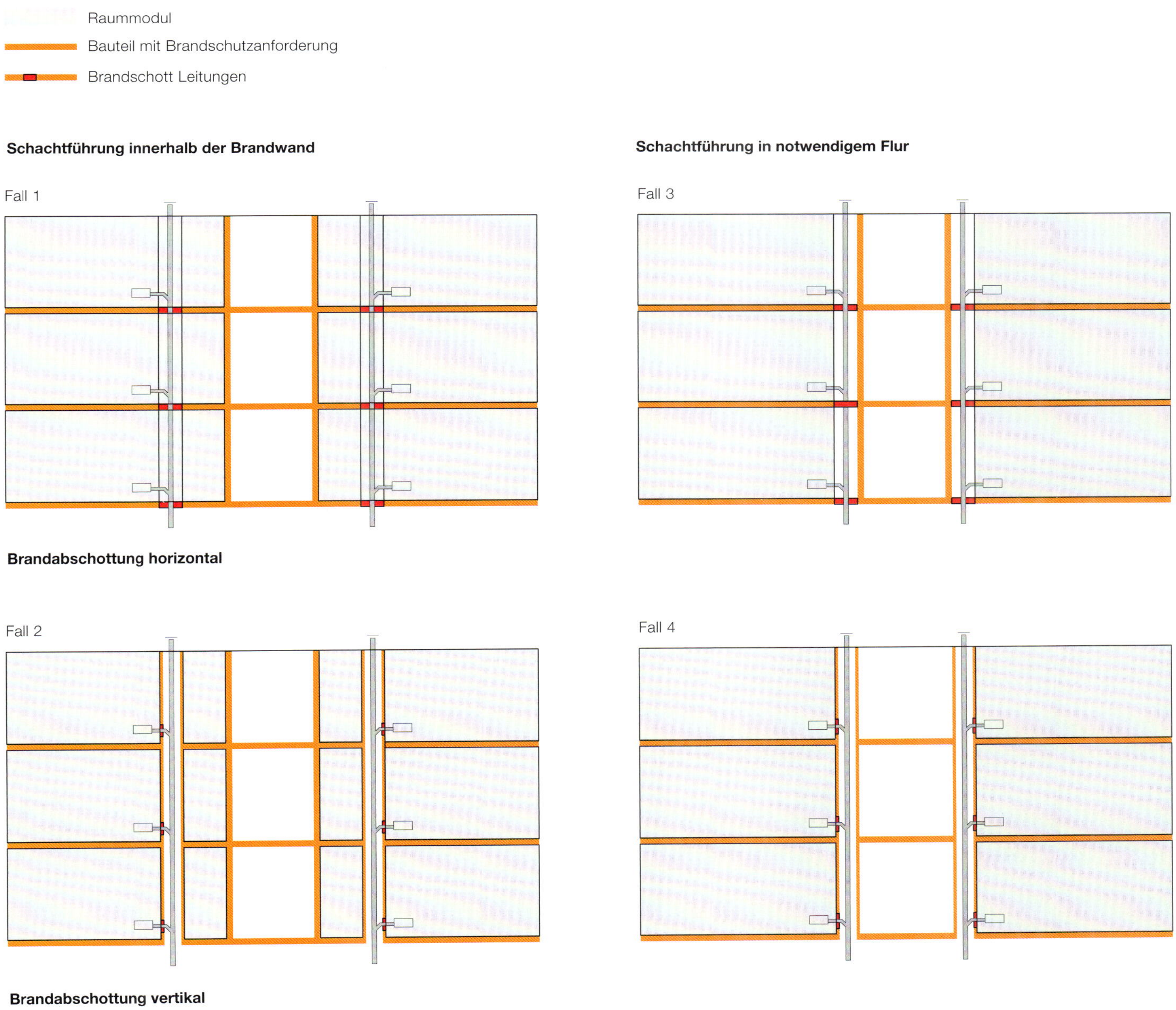

16

17

18

mit der Vorfertigung betrauten Unternehmen beauftragt. Eine einfache Schnittstelle, die vor Ort mit konventioneller Technik zu bewältigen ist, hat daher Vorteile.

Führt man die Schächte innerhalb der Module, müssen alle Medien zwischen den Modulen mit Verbindungsstücken relativ aufwendig und mit begrenztem Arbeitsraum (oder entsprechend groß dimensionierten Schächten) gekoppelt werden. In den Modulen sind vom Trockenbauer und vom Maler zudem Restarbeiten auszuführen, um die Schachtwände zu schließen.

Im Fall 1 ist es vorteilhaft, wenn der Modulboden sämtliche Brandschutzanforderungen übernimmt und nicht zum Teil die Moduldecke, da sonst der Anschluss des Brandschotts an das untere Modul kaum machbar ist.

Im Fall 2 lässt sich zwar die Brandabschottung im Werk vorfertigen, die Schachtwände mit Brandschutzanforderung müssen jedoch vor Ort im Modulstoß angeschlossen werden, was große Probleme in der Zugänglichkeit darstellt.

Aus diesen Betrachtungen wird klar, dass prinzipiell Haustechnikschächte außerhalb der Module wesentliche Vorteile haben (Abb. 16, S. 47, Fall 3 und 4):

- Die Module müssen nach der Montage nicht mehr betreten werden, Verunreinigungen oder Beschädigungen wie auf konventionellen Baustellen sind damit ausgeschlossen.
- Die Schnittstelle der Haustechnik ist klar definiert: Das vorfertigende Unternehmen installiert die Zelle bis zur Durchführung in den Schachtbereich. Die Schachtinstallation erfolgt dann durch die Firma vor Ort.
- Die Maßnahmen vor Ort lassen sich ohne spezielle Verbindungsmittel oder spezielle Kenntnisse ausführen.
- Revision, Wartung und Austausch der Installationen erfolgen unabhängig vom

Nutzer über die allgemein zugängliche Erschließungszone.

Vergleicht man die vertikale mit der horizontalen Brandabschottung, so hat die vertikale Abschottung den Vorteil, dass die Durchführungen mit Brandschutzanforderung bereits im Werk vorbereitet werden können und nur noch die Trockenbauschalen ergänzt werden müssen (Abb. 16, S. 47, Fall 4). Außerdem entfällt das eher schwierige Herstellen der horizontalen Brandabschottung an der Schnittstelle zwischen der Moduldecke und der anders konstruierten Flurdecke. Fall 3 ist bei betonierten Flurdecken von Vorteil, weil dann die Deckendurchführungen mit konventionellen Brandabschottungen realisierbar sind. Außerhalb der Module geführte Schächte lassen sich entweder konventionell vor Ort erstellen oder ebenfalls als Elemente vorfertigen, sodass auf der Baustelle nur noch die Verbindungen erfolgen müssen.

Installationsbereiche innerhalb des Moduls

Der Bereich der Moduldecke ist für Lüftungsleitungen prädestiniert (Abb. 17). In diesem Fall ist der Brandschutz oberhalb des installierten Bereichs sicherzustellen, z.B. im Boden des oberen Moduls. Einzelne Elektroleitungen und Steckdosen oder Schalter können auch bei hohen Brandschutzanforderungen in sichtbaren Brettsperrholzwänden geführt werden (siehe auch »Trennwandkonstruktionen«, S. 39). Bei höherem Installationsgrad empfehlen sich jedoch Vorwandkonstruktionen (Abb. 18).
Im Bodenaufbau werden – wie im konventionellen Bauen – Heizungs-, Wasser- und Elektroleitungen vorrangig in Schüttungen oder Ausgleichsschichten geführt. Ausfräsungen in der Rohkonstruktion zur Aufnahme von Leitungen sind sorgfältig mit der Tragwerksplanung sowie dem Schall- und Brandschutz abzustimmen. Insbesondere Fräsungen quer zur Richtung der Decklagen von Brettsperrholz erweisen sich in der Regel als problematisch, da sie die Tragfähigkeit erheblich einschränken. Bei benachbarten, offenen Raummodulen ist die Koppelung von wasserführenden Leitungen, z.B. für modulübergreifende Fußbodenheizungen, problemlos möglich (Abb. 19).

17 Lüftungsleitungen im Deckenbereich der Module, Erweiterungsneubau Hotel Katharinenhof, Dornbirn (AT) 2017, Johannes Kaufmann Architektur
18 Schnittstelle Modulinstallation – Schachtinstallation im Flurbereich
19 Verlegen der Fußbodenheizungsleitungen in der Werkhalle

19

Raummodulfertigung in Europa

Die Entwicklung des Bauens mit Raummodulen in Holzbauweise ist eng verbunden mit der Entwicklung der ausführenden Unternehmen auf dem Markt. Die geografischen Schwerpunkte der Firmenlandschaft sind dieselben wie im Holzbau im Allgemeinen: Führende Betriebe haben ihren Sitz vor allem in der Schweiz und im österreichischen Vorarlberg. In Deutschland sind die leistungsstarken Konkurrenten nicht ausschließlich, aber vorwiegend im Süden der Republik angesiedelt. Auch in Skandinavien und Finnland finden sich hochentwickelte Unternehmen. Die Anzahl der Wettbewerber ist heute noch vergleichsweise gering, ein deutliches Wachstum der anbietenden Firmen war in den vergangenen Jahren dennoch wahrnehmbar. Ein weiterer Anstieg des Marktanteils dieser Bauweise ist zu erwarten, denn schon heute lässt sich ein erheblicher Ausbau der vorhandenen Kapazitäten beobachten. Dabei rüsten sich vermehrt bestehende große Holzbauunternehmen für den Raummodulbau als zusätzliches Aufgabengebiet.
Während im Norden Europas eher Firmen industriellen Maßstabs den Raummodulbau bestimmen, entwickelt sich die Branche in Mitteleuropa in der Mehrzahl aus mittelständischen Holzbauunternehmen. Diese haben sich auf den Bau von Raummodulen eingerichtet, bieten darüber hinaus jedoch ein größeres Spektrum von Leistungen im Holzbau an. Nur ein kleiner Teil der Wettbewerber ist in der Lage, Raummodule mit kompletter Innenausstattung und Haustechnik vollständig selbst zu fertigen. Wenige größere Unternehmen produzieren parallel dazu auch Stahl-Leichtbaumodule.

Die Produktion von Raummodulen erfolgt in Unternehmen, die mit unterschiedlichen Fertigungsmöglichkeiten operieren. Dazu gehört die Größe und Ausstattung der Fertigungshalle: Abbundanlagen, Maschinenpark, Dimension der Arbeitsbereiche und Lagermöglichkeiten sowie Hebezeuge innerhalb der Halle sind dabei die wesentlichen Parameter. Auch die personelle Ausstattung, d. h. die Anzahl der Mitarbeiter, das Ausbildungsniveau und der Erfahrungsschatz, sowie das Netzwerk der Subunternehmer und Zulieferer sind in jedem Betrieb unterschiedlich. Diese Faktoren beeinflussen sowohl Logistik und Montageablauf als auch die Konstruktion. Sie bestimmen, wie viele Module wann fertiggestellt, transportiert und montiert werden können.
Die Unternehmen sind meist auf eine bevorzugte Konstruktionsart eingerichtet. In Vorarlberg etwa ist die Methode verbreitet, mit zugelieferten, vorkonfektionierten Brettsperrholzelementen zu operieren. Das macht einen aufwendigen Maschinenpark für den CAM-Abbund entbehrlich. Die wichtigsten Produktionsressourcen sind bei dieser Konstruktionsart das Know-how in der Planung und Fertigung, ein eingespieltes und vertrauensvoll agierendes Netzwerk von Planern und Subunternehmern aller Gewerke, ausreichend dimensionierte Produktionsstätten und leistungsfähige Fördersysteme in der Werkhalle.
Vor allem in der Schweiz finden sich tendenziell mehr Firmen, die schwerpunktmäßig Holzrahmenelemente verwenden. Um den Prozess bei hohen Lohnkosten effizient zu machen und die Wertschöpfung im Unternehmen zu vergrößern, wird bei dieser Bauweise mit weitgehend automatisierten Produktionsanlagen gearbeitet. Der Einsatz von Multifunktionsbrücken, automatisierten Riegelwerkstationen und mitunter auch Portalrobotern ersetzt hier, zumindest bei der Rohbauerstellung, zu einem großen Teil die handwerkliche Arbeit des Menschen.

1 Produktionshalle Kaufmann Zimmerei und Tischlerei in Reuthe (AT)

Planungs- und Ausführungsprozess

Ein großer Vorteil der Raummodulbauweise ist die kurze Projektlaufzeit, weshalb die Entscheidung für diese Bauweise oft im Zusammenhang mit Bauvorhaben unter hohem Zeitdruck fällt. Um diesen Vorteil auch nutzen zu können und einen effektiven Ablauf zu gewährleisten, müssen einige Aspekte vor allem in der Organisation des Projekts bedacht und richtig entschieden werden.

Beauftragung – Vergabe- und Kooperationsmodelle

Beim Bauen mit Raummodulen ist von besonderer Bedeutung, was für den Holzbau auch im Allgemeinen gilt: Für eine organisatorische und wirtschaftliche Optimierung kann das klassische Vergabemodell mit den strikt getrennten Bereichen von Planung und Ausführung nachteilig sein, da es den unternehmensspezifischen Einfluss auf die Konstruktion nicht berücksichtigt. Es verhindert häufig, dass Firmen die für ihre Möglichkeiten und die jeweilige Aufgabe optimale Lösung mitbestimmen. Denn gerade beim Raummodulbau gibt es eine starke Tendenz zu firmenspezifischen Systemlösungen. Beim in Mitteleuropa vorherrschenden traditionellen Modell mit Einzelgewerkvergabe und detaillierter Leistungsbeschreibung erstellt das Planungsteam nach der Entwurfs- und Eingabeplanung eine komplette Ausführungsplanung, ohne die ausführenden Firmen einzubeziehen. Auf dieser Grundlage erarbeitet das Planungsbüro ein detailliertes Leistungsverzeichnis, die Ausführungsbewerber bieten dann nach Einzelpositionen an. Dieses Vorgehen verursacht eine Reihe von Problemen, besonders im Bereich der öffentlichen Vergabe.
Für Planungsteams ohne Erfahrung in der speziellen Aufgabe des Raummodulbaus stellt es eine gewisse Herausforderung dar, die Holzbaukonstruktion und den für das Projekt optimalen Schichtenaufbau zu bestimmen, im Detail zu planen und ebenso detailliert auszuschreiben. In der Konsequenz wenden sich die Architekten – rechtlich in einem Graubereich agierend – an ausführende Unternehmen, um die Ausführung zu besprechen. Die Betriebe können den Architekten aber nur mit ihrem firmenspezifischen Wissen dienen. Wollen sie dann an der Ausschreibung teilnehmen, ist das grundlegende Vergabeprinzip der Gleichbehandlung und je nach Vorgehen auch das der Transparenz infrage gestellt. Es wird also eine Ausschreibung veröffentlicht, die auf den Vorgaben des beratenden Betriebs basiert, der im Zweifelsfall nicht einmal an der Ausschreibung teilnehmen kann, und die wiederum andere Firmen nur bedingt

1

2 schematischer Vergleich der Projektabläufe: Massivbau – Holzbau – Holz-Raummodulbau
3 Detailpunkt am Beispiel der Europäischen Schule in Frankfurt am Main (DE) 2015, NKBAK, Maßstab 1:20
  a Planungsstand der Architekten für die funktionale Ausschreibung
  b Planungsstand des Holzbauunternehmers für die Ausführung

bedienen können. Nach der Vergabe sind dann für Planer und Ausführende aufwendige Änderungsschleifen notwendig, um auf die Gegebenheiten der beauftragten Firma zu reagieren. Aus diesen Gründen ist das traditionelle Vergabeverfahren beim Bauen mit Raummodulen nicht gebräuchlich.

Als wesentlich schnelleres Verfahren mit positivem Einfluss auf die Baukosten, das auch für öffentliche Aufträge Anwendung findet, hat sich die Vergabe auf Grundlage einer funktionalen Ausschreibung bewährt (Abb. 2 und 3a; siehe auch Europäische Schule in Frankfurt am Main, S. 102ff.): Ein initiales Planungsteam aus Architekt und Fachplanern erstellt eine Planung, die die gestalterischen (Oberflächen, Fassadengestaltung etc.) und funktionalen Anforderungen (Tragwerk, Brandschutz, Schallschutz, Konzept Haustechnik etc.) präzise beschreibt, ohne die konstruktiven Details der Raummodule final zu definieren (Abb. 3). Auf dieser Grundlage arbeiten Holzbauunternehmen Pauschalangebote aus, die auch diese noch ausstehenden Planungsleistungen umfassen. Der Holzbauunternehmer tritt also als partieller Totalunternehmer auf und übernimmt nach der Baueingabe im Bereich der Modulplanung die Führungsrolle, während der Architekt

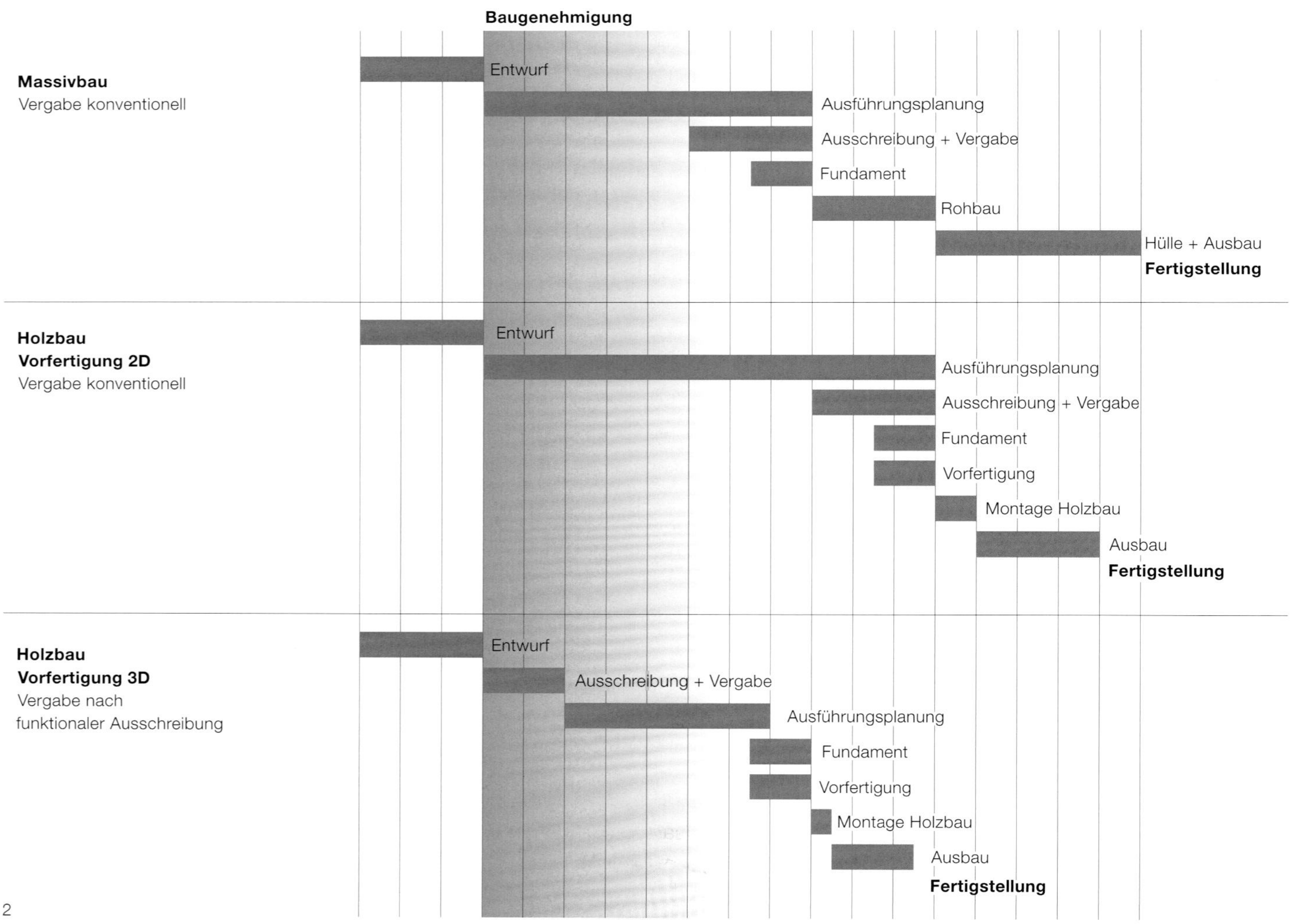

2

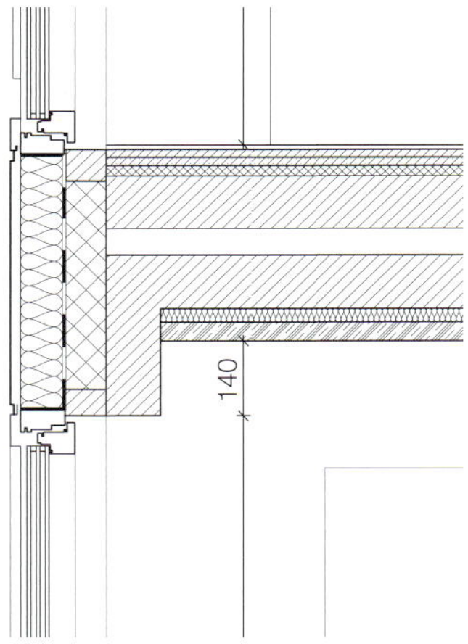

3a

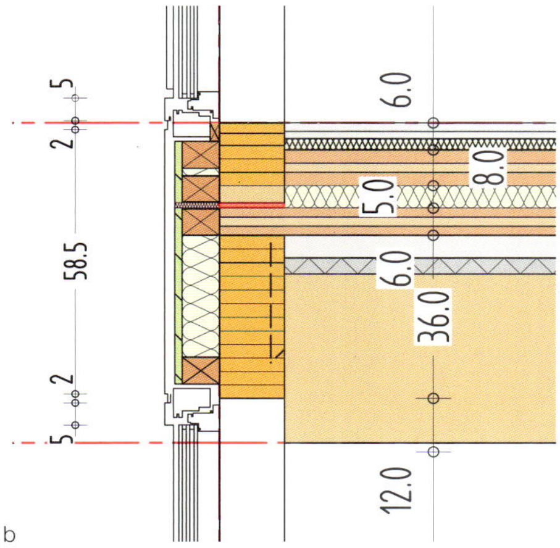

b

hier hauptsächlich mit einer Beratungs- und Kontrollfunktion betraut ist und das Zusammenspiel mit den nicht in Raummodulbauweise erstellten Gebäudeteilen koordiniert. Je nach Projektstruktur können die Schnittstellen und Arbeitsteilungen unterschiedlich gestaltet sein [1]. Dieses Modell sorgt für einen echten Wettbewerb zwischen den Anbietern und schafft gleiche Bedingungen für alle Bieter. Die Prinzipien der öffentlichen Vergabe sind im Grunde auf diese Weise wesentlich besser umgesetzt. Eine formale Kollision mit dem Prinzip der Förderung mittelständischer Interessen besteht hinsichtlich der Pflicht zur Losaufteilung, also der Trennung der Ausschreibungen nach Gewerken. Diese ist mit der Raummodulbauweise nicht vereinbar und muss im Einzelfall von den zuständigen Behörden aufgehoben werden. Das stellt zwar eine gewisses Hindernis dar, hat sich aber zur gängigen Praxis entwickelt. In der Realität werden die Projekte zum Großteil im Rahmen von Kooperationen von mittelständischen Unternehmen durchgeführt.

Ein grundsätzlich alternativer Weg läge in einer wesentlich stärkeren Standardisierung der Bauweise über die Firmengrenzen hinweg. Dafür befindet sich jedoch die Raummodulbauweise zumindest derzeit noch zu sehr in der Innovations- und Entwicklungsphase.

Entwurfsplanung

Eine Beauftragung aller notwendigen Planer muss frühzeitig erfolgen, um eine integrale Planung von Beginn an zu gewährleisten. Die zeitige Abstimmung von Raumgestaltung, Tragwerk und Haustechnik ist essenziell. Aufgrund des starken Einflusses der Bauweise auf den Entwurf und die Konstruktion, ist eine frühe Entscheidung für oder gegen die Raummodulbauweise zwingend.

Herstellbare und transportierbare Modulgeometrien müssen schon im Vorentwurf entwickelt werden. Auch der jeweilige Transportweg vom Ort der Fertigung zum Ort der Montage hat Einfluss auf die Planung. Insofern gilt es im Vorfeld, insbesondere bei sehr großen Raummodulen, über mögliche Varianten nachzudenken und infrage kommende Anbieter zu ermitteln, aber auch die Transportwege auf Engstellen etc. zu prüfen.

Eine klare und durchgängige Tragstruktur ist notwendige Prämisse für die Planung. Die Bauteildimensionen von Böden, Decken und Trennwänden bestimmen die Außenmaße des fertigen Gebäudes mit. Diese Maße müssen zwingend zur Einreichung der Genehmigungsplanung, also vor der eigentlichen Werkplanung, definiert sein. Das erfordert eine frühe Konkretisierung der Aufbauten oder zumindest eine geometrische Abwägung infrage kommender Konstruktionen. Durch eine frühzeitige integrale Abstimmung der Disziplinen Architektur, Tragwerk, Schallschutz, Brandschutz und Haustechnik lassen sich sinnvolle und belastbare Annahmen treffen.

Baugenehmigung

Die behördliche Bearbeitungszeit für die Genehmigung von Bauvorhaben beträgt in der Praxis bis zu sechs Monaten und mehr. Bauherr und Planungsteam obliegt bei allen Bauweisen die Entscheidung, parallel mit der Ausführungsplanung zu beginnen. Diese Entscheidung ist bei allen Bauweisen vom konventionell erstellten Mauerwerksbau bis zum hochvorgefertigten Raummodulbau gleichermaßen mit einem Risiko behaftet, das es sorgfältig abzuwägen gilt. Während beim relativ langsamen Prozess der konventionellen Bauweise im Regelfall nur die Ausführungsplanung und eventuell die Ausschreibung von diesem Risiko betroffen sind, kann dies beim sehr schnellen Prozess des Raummodulbaus auch die Ausführung verzögert werden: Bereits nach wenigen Monaten, in denen Ausschreibung, Vergabe und Ausführungsplanung vorangetrieben werden, steht die Bestellung von Komponenten mit längeren Lieferzeiten an. Es ist daher ratsam, das Projekt schon zu Planungsbeginn mit der Genehmigungsbehörde abzustimmen und frühzeitig die Baugenehmigung mit den wesentlichen Entscheidungen einzureichen.

Ausführungsplanung

Mit dem Zeitpunkt der Vergabe an das Unternehmen ist ein hohes Maß an Kosten- und Terminsicherheit erreicht, was einen wesentlichen Vorteil dieser Bauweise darstellt. In der Regel übernimmt das Holzbauunternehmen die Ausführungsplanung zumindest der Raummodule komplett. Das Planungsteam gibt Geometrie und Oberflächengestaltung der Module, das Haustechnikkonzept des Gesamtgebäudes, die Lage der Haustechnik in den Modulen sowie die Ausstattung und Möblierung vor.
Alle für die Vorfertigung notwendigen Planungsentscheidungen müssen rechtzeitig fallen, da ansonsten die Vorteile der Vorfertigung konterkariert würden. Eine baubegleitende Planung ist gänzlich auszuschließen.
Die Planungszeit für die Erstellung und Abstimmung der Ausführungsplanung ist im Normalfall knapp bemessen. So erfolgt die Planung auch dem Vorlauf für Material- und Komponentenlieferung entsprechend: Im Falle von Brettsperrholzkonstruktionen beispielsweise hat die Definition dieser Elemente Priorität, da mit mehrwöchigen Lieferfristen zu rechnen ist. Gleiches gilt für die Fensterelemente. Der Einsatz von digitalen Werkzeugen wird sehr unterschiedlich gehandhabt und die zukünftige Entwicklung derzeit

a

4b

5

4 Holzbauwerkhalle der Fa. Erne
a Fertigung von Holzrahmenelementen im Rohbau mittels Schienensystem und Hallenkran
b Multifunktionsbrücke
5 Fertigung von komplexen Raummodulen in Holzrahmenbauweise mithilfe eines Portalroboters. Forschungsprojekt der Fa. Erne in Kooperation mit der ETH Zürich
6 Werkhalle der Fa. Kaufmann Zimmerei und Tischlerei in Dornbirn (AT), Architekt: Johannes Kaufmann Architektur
a Warenfluss und Montageablauf im schematischen Grundriss
b Rohbaufertigung von Raummodulen aus Brettsperrholz

stark diskutiert. In der Praxis hängt dies erheblich von der Konstruktionsart ab: Raummodule in Brettsperrholz machen eine dreidimensionale Erfassung für die Fertigung nicht unbedingt notwendig, da die Plattenwerke den Abbund auch auf Basis von zweidimensionalen Zeichendateien preisneutral anbieten. Für eine sehr aufwendige Umstellung auf eine dreidimensionale Planung, die eine Anreicherung der Objekte mit zusätzlichen Informationen und den Austausch des Datenmodells mit den anderen Planungsbeteiligten und dem Nutzer im Sinne von Building Information Modeling (BIM) ermöglicht, ist die Motivation derzeit noch nicht hoch genug. Wird dagegen mit Holzrahmenelementen geplant, ist der in der Regel firmeninterne Abbund fast immer CAM-basiert und macht eine dreidimensionale Zeichnung zwingend erforderlich. Der Schritt zu weiteren Automatisierungen ist damit leichter gemacht. Generell bietet sich die stark systemorientierte Raummodulbauweise per se für eine Automatisierung und Parametrisierung der Planung an. Hier ist vor allem ein weiteres zeitliches Einsparungspotenzial in der Planung auszumachen.

Fertigung

Bei der Fertigung ist neben der für die Projektgröße angemessenen Leistungsfähigkeit und Kapazität des Holzbauunternehmers Voraussetzung, dass alle Subunternehmer rechtzeitig und terminlich präzise getaktet werden. Erfahrene Holzbauunternehmer verfügen über einen kleinen und dadurch eingespielten Firmenpool von Nachunternehmern. Das bringt gegenüber der konventionellen Einzelgewerkvergabe große Vorteile: Die Firmen arbeiten zusammen, weil sie miteinander harmonieren und nicht, weil sie durch das Ergebnis von Ausschreibungen eher zufällig und immer neu zusammengebracht werden. Dadurch lassen sich

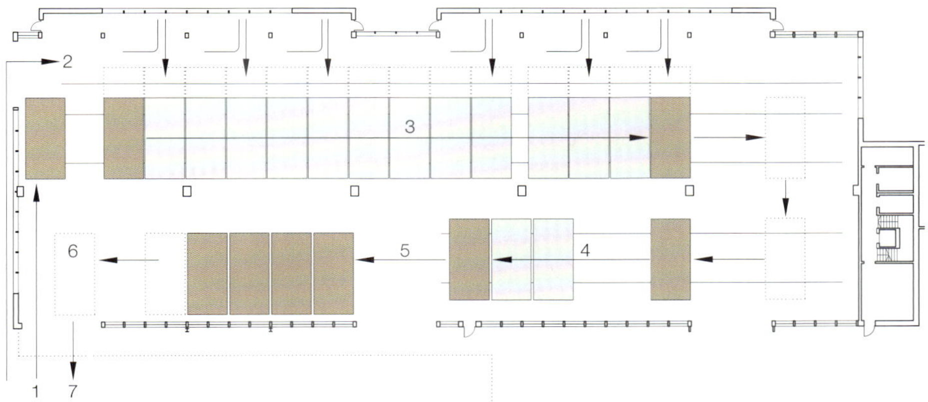

1 Anlieferung Holzwerkstoffe
2 Anlieferung Baustoffe extern
3 verschiedene Stationen der seriellen Modulfertigung
4 Endkontrolle und Qualitätssicherung
5 Zwischenlagerung
6 Lkw-Verladung
7 Auslieferung Baustelle

6a

Abläufe standardisiert sowie effektiv und routiniert gestalten. Die ineinanderlaufenden Prozesse haben einen positiven Einfluss auf das Qualitätsmanagement, da Fehler seltener auftreten bzw. früher und zuverlässiger erkannt werden.

Das Bauen mit Raummodulen ist immer eine Methode mit maximalem Vorfertigungsgrad. In der Fertigung der Module jedoch findet sich die ganze Bandbreite von handwerklich geprägter Produktion, also weitgehend konventionellem Bauen, unter dem Schutz der Werkhalle bis hin zu teilweise automatisierter Produktion wieder.
Ein hohes Maß an Systemoffenheit und Individualität führt tendenziell zu einer stärker handwerklichen Fertigung. Diese Methode kommt kleineren Betrieben entgegen. Große Betriebe mit hohen Projekt- und Stückzahlen können den Prozess hingegen stärker automatisieren und damit die Effizienz steigern. Dabei ist jedoch ein gewisses Maß an zumindest firmeninterner Standardisierung notwendig, die Flexibilität nimmt damit tendenziell ab.

Die Fertigung von Raummodulen in Holzbauweise ist schon ab kleinsten Stückzahlen wirtschaftlich darstellbar, da sich gegenüber der Fertigung vor Ort keine Nachteile ergeben. Eine deutliche Effizienzsteigerung ist ab einer Stückzahl von etwa 15 gleichen oder nur in wenigen Einzelpunkten abweichenden Modulen möglich. In dieser Größenordnung wird eine Serienfertigung sinnvoll. Diese unterscheidet sich von der Einzelfertigung in mehreren Aspekten: Die Produktionsplanung ist wesentlich detaillierter und aufwendiger als bei der Einzelfertigung. Brettsperrholzplatten etwa werden mit allen Aussparungen, Durchbrüchen und Fräsungen definiert und lassen sich so komplett vorkonfektionieren. Alle Haustechnikleitungen werden genauestens festgelegt, sodass die Leitungen, Abzweige, Bögen etc. bereits vorgerichtet in die Werkhalle geliefert und entsprechend schnell montiert werden können. Das Modul wird in einer Produktionsstraße gefertigt und wandert, meist auf einem Schienensystem transportiert oder auch einfach mit dem Hallenkran versetzt, von einem Produktionsschritt zum nächsten (Abb. 6).

Der prinzipielle Fertigungsablauf unterscheidet sich bei den beiden häufigsten Konstruktionsarten, nämlich mit Brettsperrholz und in Holzrahmenbauweise, im Wesentlichen nur im Holzrohbau.
Die Brettsperrholzelemente werden vorkonfektioniert angeliefert und zumeist mit selbstbohrenden Schrauben zum Rohbau des Moduls verbunden. Eventuell notwendige Beplankungen von Wänden z.B. mit Gipskartonplatten lassen sich an den noch am Boden liegenden Elementen ausführen. Dies verhindert eine wenig ergonomische Montage.
Im Fall von Holzrahmenelementen wird zunächst das Ständerwerk in der Abbundanlage vorbereitet und oft mithilfe von halbautomatischen Riegelwerkstationen zusammengefügt. Die Beplankung erfolgt mittels Multifunktionsbrücken, die diesen Vorgang weitgehend automatisiert ausführen. Es werden in der Regel zunächst flächige Elemente hergestellt und diese dann manuell zum Raummodul zusammengefügt.
In der Entwicklungsphase befindet sich das Verfahren, mithilfe von Portalrobotern die Profile der Tragstruktur frei im Raum zu positionieren und dann manuell miteinander zu verschrauben (Abb. 5). Diese Methode eignet sich speziell für komplexere Geometrien wie etwa Dachstrukturen. Der weitere Ausbau der Module erfolgt dann typischerweise in folgenden Schritten (Abb. 7, S. 56):

6b

a

b

c

d

e

f

7 g

h

7i

j

7 Fertigung von Raummodulen aus Brettsperrholz
a Rohinstallation Heizung, Sanitär und Lüftung
b Rohinstallation Elektro
c Fenstermontage
d Trockenbau
e Malerarbeiten
f Bodenaufbau
g Fliesenarbeiten
h Bodenbelagsarbeiten
i Innenausbau
j Transportvorbereitung

1. Rohinstallation Sanitär: Montage der Leitungen an Boden, Wänden und Decken
2. Rohinstallation Elektro: Montage der Elektrotrassen und Einzelkabel
3. Montage Fensterelemente: Der Zeitpunkt der Fenstermontage ist – abhängig von den Anschlussdetails – bis zu einem gewissen Grad flexibel.
4. Trockenbau: Je nach Projektanforderung und Wandaufbau erfolgt die Bekleidung der Wände und Decken sowie das Herstellen von Installationsschalen, Schacht- und Innenwänden.
5. Malerarbeiten: Die Malerarbeiten mit mehreren Überarbeitungs- und Trocknungsphasen finden schwerpunktmäßig nach den Trockenbauarbeiten statt, verteilen sich jedoch typischerweise auf den gesamten Innenausbau.
6. Bodenaufbau: Der Ablauf hängt von der Wahl des Estrichsystems ab. Optimal in den Produktionsfluss passen Trockenestriche aus Werkstoffplatten, da hier keine Trocknungszeiten zu beachten sind. Werden Estriche etwa als Zementestrich nass eingebracht, ist die Produktion auf die Trocknungszeiten auszulegen. Dafür gibt es zwei gängige Verfahren. In der ersten Variante werden die Bodenaufbauten einschließlich des Estrichs vor dem räumlichen Zusammenfügen des Moduls eingebracht und der Estrich an den Wandanschlüssen mit temporär aufgeschraubten Kanthölzern entsprechend abgestellt. Dann lassen sich diese vorbereiteten Böden mit Estrich raumsparend zur Trocknung lagern. Alternativ kann der Estrich auch in das fertige Modul eingebracht und dieses dann zum Aushärten des Estrichs beiseitegestellt werden, sofern ausreichend Lagerflächen und die entsprechenden Transportsysteme in der Halle vorhanden sind.
7. Fliesenarbeiten: Herstellung der Wandoberflächen in Küchen und Bädern
8. Bodenbelagsarbeiten: Einbringen der Gehbeläge (Parkett, Linoleum etc.)
9. Abschluss Installation: Montage von Steckdosen, Schaltern, Sanitärgegenständen und Armaturen
10. Mobiliar: Montage von festen Einbauten wie Betten, Regale etc.
11. Fassadenarbeiten: Abhängig vom Vorfertigungsgrad werden Dämmschichten oder die Bekleidung bereits im Werk aufgebracht oder vor Ort in Form von vorgefertigten Fassadenelementen ergänzt. Häufig wird die Fassade bis zur winddichten Schicht am Modul vorgefertigt.
12. Herstellen der Transportfähigkeit: Ergänzen der umlaufenden Schlagregensicherung, Aufbringen der Hebehilfen für die Kranmontage, Lagerung zum Abtransport

Transport

Beim Bauen mit Raummodulen ist der Transport eine entscheidende und sogar entwurfsbestimmende Prozessphase. Es handelt sich dabei zumeist um genehmigungspflichtige Sondertransporte. Der folgende Absatz dient zur Orientierung bezüglich der Machbarkeit des Transports von Raummodulen. Planungssicherheit bietet letztendlich jedoch nur eine Abstimmung mit einem Transportspezialisten zu einem sehr frühen Zeitpunkt im Entwurfsprozess. Die konkreten Transportwege sind im Einzelfall auf lokale Engstellen zu prüfen. Dabei müssen die straßenbaulichen wie genehmigungstechnischen Unterschiede sowohl auf nationaler wie auch regionaler Ebene beachtet werden.

Transportierbare Modulgröße

Die maximale Größe von Raummodulen wird einerseits durch die Produktionsstätte und die Verhältnisse auf der Baustelle vorgegeben, in allererster Linie jedoch durch die Transportmöglichkeiten auf dem Lkw.

In der Länge bietet bereits ein Standard-Sattelschlepper mit ca. 13,50 m Ladelänge für die meisten Projekte ausreichend Spielraum (Abb. 9, S. 59), überlange Fahrzeuge ermöglichen auch größere Längen bei überschaubarem Mehraufwand (Abb. 8, S. 58). Doch ist bei etwa 15 m ein kritisches Maß erreicht, ab dem das Handling der Module auch in der Produktion zunehmend schwierig wird.

In der Höhe bestehen im Wohnungsbau eher selten, bei den größer dimensionierten Modulen für Schul- oder Bürobauten jedoch sehr wohl Zwänge: Autobahnbrücken, Wechselverkehrszeichen und Leitsysteme haben in der Regel eine lichte Höhe von 5,00 m, zumindest in Deutschland sind Durchfahrtshöhen unter 4,50 m bereits kennzeichnungspflichtig. Das deutsche Straßennetz ist fast durchgängig auf eine lichte Durchfahrtshöhe von 4,50 m ausgelegt. Eine empfohlene Gesamttransporthöhe von maximal 4,30 m funktioniert in ganz Europa relativ zuverlässig. Bei üblichen Höhen der Ladefläche von 0,90 bis 1,10 m verbleibt also mindestens eine Höhe von 3,20 m für die Module. Spezielle Tiefbett-Sattelschlepper mit gekröpften Ladeflächen von etwa 0,30 m Höhe erlauben Raummodule bis maximal 4,20 m Höhe bei gewissen Einschränkungen in der Länge der Zellen (Abb. 10, S. 59).

Die Raumbreite ist ein weiterer limitierender Faktor in der Planung. Ein festgelegtes Maximalmaß für die Breite von Großraumtransporten sieht der Gesetzgeber in Deutschland nicht vor. Allerdings steigen mit der Breite der Transporte die Auflagen hinsichtlich des Genehmigungsverfahrens und der Durchführung. Nadelöhre wie Durch- und Unterfahrten, Kreisverkehre oder temporäre Engstellen aufgrund von Baustellen bestimmen die Machbarkeit des Transports. Es gibt kein umfassendes computerbasiertes Programm, das alle Engstellen erfasst. Die Standards im Straßenbau sind weder national noch international einheitlich. Schon auf der Ebene der Landkreise ist das Straßennetz unterschiedlich gut ausgebaut, innerhalb Deutschlands gibt es von Bundesland zu Bundesland Unterschiede. Probleme beim Transport lassen sich relativ sicher vermeiden, indem man eine Gesamtbreite von 3,25 m einhält und damit auch unvorhergesehene Baustellen auf der Strecke passieren kann. Werden Transportbreiten über 4,00 m notwendig, sollte eine Transportstudie in Auftrag gegeben werden, die die Strecke von der Produktionsstätte zum Zielort untersucht. Bei maximal ausgelegten Raummodulen bis etwa 5 m Breite wird aufgrund des großen seitlichen Überstands über die Ladefläche von der Lagefläche auch das Tragwerk relevant. Dann ist es entweder notwendig, in der Tragwerksplanung besonders auf den Transportfall einzugehen oder beim Transport mit untergelegten Hilfskonstruktionen z. B. aus Stahlprofilen zu operieren, die dann wiederum bei der Gesamthöhe berücksichtigt werden müssen. Häufig sind die letzten Meter des Transports und die Zufahrt auf die Baustelle die sensibelsten Stellen.

Transportaufwand
Als häufiges Argument gegen die Raummodulbauweise wird ein vermeintlich unverhältnismäßig aufwendiger Transport angeführt. Tatsächlich lässt sich bei dieser Bauweise pro Lkw fast immer weniger Nutzlast als im Fall von kompakter zu stapelnden flächigen Elementen transportieren. Doch oftmals wiegen auch Raummodule aus Holz in üblichen Größen etwa 350–400 kg/m², sodass große Raummodule mit über 20 t durchaus ebenfalls in die Nähe der Kapazitätsgrenze üblicher Sattelzüge reichen. Bei kleineren Abmessungen bis etwa 6,50 m Länge ist es zudem möglich, zwei Module auf einem Fahrzeug zu transportieren.
Die durchschnittlichen Kosten für einen mehrere 100 km langen Transport liegen überschlägig angesetzt derzeit bei etwa 5 % der reinen Baukosten. Die Länge der Fahrtstrecke ist dabei nicht allein entscheidend. Vielmehr ist es die Komplexität des Transports (Polizeibegleitung etc.), die sich mit bis zu 30 % Preisschwankung bemerkbar machen kann. Aufwendige Transporte sind daher oft im Konvoi unterwegs, um die Sicherungsmaßnahmen effektiver zu nutzen.

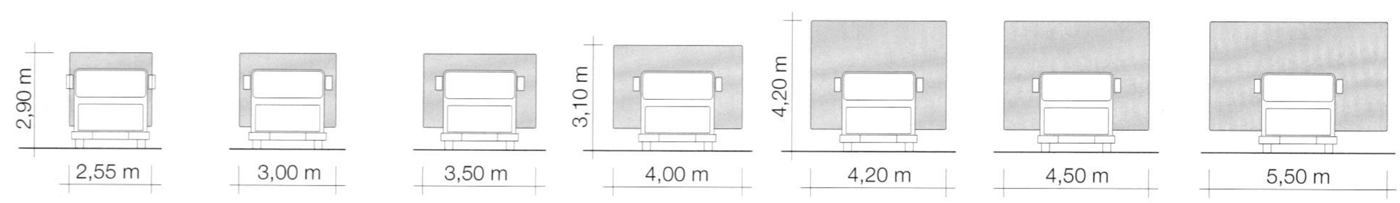

Breite (B) Höhe (H) Länge (L)	B 2,55 m H 2,90 m L 13,50 m	B 3,00 m H 2,90 m L 30,00 m	B 3,50 m H 2,90 m L 12,50 m	B 4,00 m H 3,10 m L 12,50 m	B 4,20 m H 4,20 m L 12,50 m	B 4,50 m H 4,20 m L 12,50 m	B 5,50 m H 4,20 m L 12,50 m
Genehmigung	keine	Ausnahmegenehmigungen erforderlich					
		meist sind Dauergenehmigungen vorhanden	für die jeweiligen Transporte müssen separate Genehmigungen beschafft werden				
Begleitfahrzeug			Begleitfahrzeug auf Bundesstraßen erforderlich				
			auf Autobahnen in AT immer, in DE/CH teilweise	Begleitfahrzeug auf Autobahnen erforderlich, in AT doppelte Begleitung			
Polizeibegleitung				Polizeibegleitung in DE/CH	immer mit Polizeibgleitung		
Sonstiges					Tiefladerkombinationen		

8

8 Transportbreiten und damit verbundene Auflagen für den Transport
9 Plateau-Sattelzug für den Transport von Modulen bis zu 13,60 m Länge
10 Ein Tiefbett-Tieflader mit gekröpfter Ladefläche ermöglicht Transporte von Modulen über 4,00 m Höhe bei entsprechenden Einschränkungen in der Modullänge.

9

10

Montage

Die extrem schnelle Montage der Raummodule ist einer der Hauptvorteile der Bauweise. Da die Module zum Transport komplett mit einer wind- und schlagregendichten Folie umhüllt sind, ist die Montage auch bei schlechter Witterung möglich und der Schutz vor Wasserschäden sehr gut. Der fast »vertikale« Terminplan mit starker Überlappung von Vorfertigung und baulichen Vorleistungen vor Ort erfordert eine sehr frühzeitige und durchgängige Abstimmung der beiden Bereiche (Abb. 2, S. 52).

Eine vorausschauende Baustellenlogistik ist für die schnelle Montage Voraussetzung. Örtliche Hindernisse wie beispielsweise im Anfahrtsbereich befindliche Zäune oder Hecken sind rechtzeitig zu lokalisieren und Lösungen zwischen der Bauleitung, dem Holzbauunternehmen und der Transportfirma vor Beginn der Montage abzustimmen. Bauliche Vorleistungen wie Fundamentierung bzw. Rohbau des Sockelgeschosses müssen zwingend abgeschlossen und freigegeben sein. Die Einhaltung der minimal erforderlichen Aushärtungszeit des Stahlbetons, die aufgrund des hohen Zeitdrucks zuweilen mit Beschleunigern verkürzt wird, ist im Terminplan zu berücksichtigen. Auch die haustechnische Erschließung muss bis zur vereinbarten Schnittstelle abgeschlossen sein. Alle für die Montage erforderlichen Komponenten der Baustelleneinrichtung stehen im Idealfall bereit. Der Anlieferweg für den Sattelschlepper muss ausreichend dimensioniert und entsprechend der anfallenden Radlasten vorbereitet sein, ebenso sollten Kran und Gerüst einsatzbereit zur Verfügung stehen.

Der typische Ablauf der Raummodulmontage lässt sich in folgenden Schritten beschreiben:

a

11 b

1. Herstellen des Montagegrunds: Auf das Fundament bzw. die massive Decke des Erdgeschosses werden in horizontaler und vertikaler Lage ausgerichtete Richtschwellen gesetzt und mit Quellmörtel unterfüttert.
2. Modulmontage: Die Module werden mithilfe des Krans an ihren Bestimmungsort gehoben und statisch notwendige Fixierungsmaßnahmen wie Zugverankerungen etc. angebracht. Eventuell vorhandene flächige Flurelemente, die zwischen die Module eingehängt sind, lassen sich geschossweise mitmontieren. Mit einem Kran ist es in der Regel möglich, täglich 10–20 Raummodule zu versetzen, sodass die Montage bei üblichen Projektgrößen innerhalb von ein bis maximal zwei Wochen abgeschlossen ist.
3. provisorische Dichtheit der Fassade herstellen: Die horizontalen und vertikalen Stöße der Wind- und Schlagregendichtung werden so schnell wie möglich parallel zu Montage der Module geschlossen. In der Regel kommen die Raummodule mit überlappenden Bahnen auf die Baustelle, die dann vor Ort verklebt werden.
4. provisorische Dichtheit des Dachs herstellen: Die Decken der Module sind für den Transport ebenfalls mit einer wind- und schlagregendichten Folie abgedeckt, die im Montageverlauf abgenommen wird. Sobald alle Module positioniert sind, wird meist die Dampfsperrebene, die auch als Notdach fungiert, aufgebracht. Die temporäre Entwässerung erfolgt – im Fall eines Flachdachs – meist über die Notabläufe in der Attika. Damit ist das Gebäude für den Montagezeitraum ausreichend witterungsgeschützt.
5. Fertigstellung Gebäude: Abschließend erfolgen parallel die Fertigstellung der Haustechnik, der Ausbau der Flurzonen sowie gegebenenfalls des

11 Hotel, Nördlingen (DE) 2018, Johannes Kaufmann mit Kaufmann Zimmerei und Tischlerei
a Verladen der Raummodule im Werk auf den Sattelschlepper
b Transport der Raummodule
12 Montage der Raummodule, Hotel in Nördlingen

Sockelgeschosses und die Montage der fehlenden Schichten von Dach- und Fassadenkonstruktion. Diese Ausbauphase ist abhängig von Konstruktion sowie Anteil der konventionellen Gebäudebereiche und meist wesentlich zeitintensiver als die Modulmontage selbst.

Das Heben der Raummodule übernehmen meist Mobilkräne. Die maximale Distanz zwischen der Anlieferstelle des Sattelschleppers und der finalen Modulposition ergibt die Kranausladung, das Zusammenspiel von Gewicht des Raummoduls und erforderlicher Hakenhöhe bestimmt die Dimensionierung des Krans. Insbesondere bei wechselnden Kranstandorten und Anlieferstellen sollte darauf geachtet werden, dass der Untergrund die Radlasten und die Belastungen durch den Kran aufnehmen kann. Gegebenenfalls ist die Verwendung von Druckverteilungsplatten notwendig.
Bei ausreichender Steifigkeit der Raummodule lassen sie sich an vier Punkten direkt mit Stahlseilen am Kranhaken befestigen. Bei weniger steifen Modulen kann eine zusätzliche Hebekonstruktion erforderlich sein – meist ein kräftiger Stahlrahmen, der weitere Anhängepunkte bietet. Das ist insbesondere bei sehr großen Modulen der Fall oder bei Raummodulen aus Holzrahmenelementen, die in der Tendenz weniger steif sind als solche aus Brettsperrholz.
Weist die Fassade einen sehr hohen Vorfertigungsgrad auf und sind damit entsprechend wenige Arbeiten von außen abzuwickeln, bieten sich mobile Bühnen als Arbeitsflächen an. Insbesondere im Norden Europas wird grundsätzlich wesentlich mehr mit diesen mobilen Mitteln oder auch mastgeführten Kletterbühnen gearbeitet. In Mitteleuropa hingegen verwendet man häufiger feste Gerüste, die – soweit möglich – vor der Modulmontage aufgestellt werden. So ist bei der Fügung der Raummodule die erforderliche Absturzsicherung bereits gewährleistet und die Befestigung bzw. die Fertigstellung der Fassadenbekleidung problemlos möglich. Bei mehr als zweigeschossigen Gebäuden kommen entweder relativ aufwendige und raumgreifende selbststehende Gerüste zum Einsatz oder das Gerüst muss abschnittsweise und dem Fortschritt der Modulmontage folgend aufgebaut werden. In diesem Fall lässt sich das Gerüst entsprechend am Modulgebäude rückverankern.

Anmerkung:

[1] Kaufmann, Hermann u. a.: leanWOOD – Optimierte Planungsprozesse für Gebäude in vorgefertigter Holzbauweise. Technische Universität München 2017. www.holz.ar.tum.de/fileadmin/w00bne/www/leanWood/leanWOOD-Broschuere.pdf

12

Entscheidungshilfe pro/contra Raummodulbauweise

Es gibt wesentliche Parameter, die bereits in der Projektentwicklungsphase zeigen, ob eine Raummodulbauweise sinnvoll ist oder nicht. Dieses Kapitel soll als Entscheidungshilfe für oder gegen diese Bauweise dienen, wobei die Gewichtung der einzelnen Parameter nicht nur von den objektiven Projektspezifika abhängt, sondern auch von der mitunter subjektiven Analyse der Entscheider.
Abb. 1 unterscheidet zwischen drei Stufen von Entscheidungsparametern:

- Die notwendigen Grundvoraussetzungen müssen vollständig erfüllt sein, um die Raummodulbauweise vor allem technisch und entwurflich überhaupt zu ermöglichen.
- Unter begünstigenden Rahmenbedingungen sind jene Parameter zusammengefasst, die für eine Steigerung der Effektivität gegenüber einer konventionelle Bauweise sprechen. Lässt sich die Mehrzahl dieser Parameter mit Ja beantworten, ist der Einsatz von Raummodulen mit hoher Wahrscheinlichkeit sinnvoll.
- Mit expliziten Stärken sind die schlagkräftigsten Argumente benannt, die – falls sie für das jeweilige Projekt zutreffen – die Raummodulbauweise unter Beachtung der vorgenannten Parameter prädestinieren.

Notwendige Voraussetzungen

1. prinzipielle Eignung des Projekts für den Holzbau: Zumindest in Deutschland ist aus Brandschutzgründen der kleinste gemeinsame Nenner die Zuordnung in die Gebäudeklassen 1–5 und damit der Ausschluss von Hochhäusern. Bei den Gebäudeklassen 4 und 5 empfiehlt sich eine sehr frühzeitige Abstimmung mit einem Brandschutzexperten, um den Aufwand für die Gewährleistung des Brandschutzes abzuschätzen.
2. in Module umsetzbares Raumprogramm: Das Raumprogramm sollte insgesamt oder zumindest zu einem großen, abgrenzbaren Teil in gleiche oder ähnliche Moduleinheiten von transportierbarer Größe umsetzbar sein (siehe »Transport«, S. 57ff.). Häufig wird mit das Sockelgeschoss massiv konstruiert, um die Sonderfunktionen des Raumprogramms zu organisieren (z. B. im Hotel Lobby, Seminarräume etc.).

3. geradlinige Lastabtragung: Die Modulbauweise begünstigt sehr stark die lineare Lastabtragung über Quer- oder Längswände der Module. Die Lastachsen sollten zumindest im Modulbereich ungestört über die Geschosse hinweg durchlaufen und keine Lastumleitungen erfordern, die schwer mit der Bauweise vereinbar sind.

4. Offenheit aller Beteiligten für modulare Bauweise: Das Planungsteam (vor allem Architekt, Tragwerksplaner, Haustechnikplaner) sollte über Kompetenzen im vorgefertigten Bauen mit Holz verfügen und der Bauherr zumindest offen gegenüber der Bauweise sein.

5. ausreichend Planungsvorlauf: Die Planungszeit im Raummodulbau ist in der Regel kürzer als bei anderen Bauweisen (siehe »Prozess«, S. 50ff.). Es bedarf jedoch in jedem Fall eines ausreichenden Vorlaufs, da die Planung vor Beginn der Produktion bedingungslos abgeschlossen sein muss und eine baubegleitende Planung in jedem Fall auszuschließen ist.

6. Interesse ausführender Unternehmen: Vor Planungsbeginn sollte abgefragt werden, ob ausführende Unternehmen mit ausreichend Kapazität und Kompetenz zur Verfügung stehen, da hier zumindest derzeit häufig Engpässe auftreten.

Begünstigende Rahmenbedingungen

1. hohe Anforderung an ökologische Qualität: CO_2-Speicherung, Einsparung von Primärenergie für die Gebäudeerstellung, Rückbaubarkeit und Wiederverwendbarkeit sind die Hauptargumente der Holz- bzw. der Raummodulbauweise.

2. Wunsch nach sichtbaren Holzoberflächen: Die haptische und optische Qualität sichtbarer Holzoberflächen ist für viele Bauherren und vor allem Nutzer ein wichtiges Argument.

3. Stückzahl gleicher Module über 10–15: Ab diesen Stückzahlen macht die Serienfertigung mit Einrichtung einer Fertigungslinie Sinn, entlang der die Module von Station zu Station geführt werden, und steigert die Effektivität der Fertigung erheblich. Nichtsdestotrotz gibt es auch bei geringeren Stückzahlen zumindest gegenüber konventionellen Holzbauten keinen Nachteil.

4. Raummodul entspricht Nutzungseinheit: Die Doppelschaligkeit von Wänden und Decken erfüllt die Schall- sowie Brandschutzanforderungen und erhöht damit die Effektivität der Raummodulbauweise.

5. Raummodul komplett vorfertigbar: Die Effizienz der Raummodulbauweise nimmt zu, wenn die komplett ausgestatteten Module in der Werkhalle im Idealfall versiegelt und erst zur Benutzung wieder geöffnet werden. In diesem Fall müssen keine Verbindungen zu benachbarten Raummodulen hergestellt werden, die Haustechnikinstallation innerhalb des Moduls ist abgeschlossen und Aussteifungen für

Transport oder Montage sind nicht notwendig.

6. hoher Installationsgrad in den Modulbereichen: Insbesondere Haustechnikarbeiten profitieren aufgrund ihres hohen Materialbedarfs und häufigen Qualitätskontrollen stark von der effektiven Vorfertigung in der Werkhalle.

7. Offenheit für funktionale Ausschreibung: Die konventionelle Vergabe der Bauleistungen auf Grundlage einer detaillierten Leistungsbeschreibung ist derzeit aufgrund fehlender Standards für die Modulbauweise ein Hindernis. Insbesondere öffentliche Bauherren müssen daher für alternative Vergabemethoden (z. B. funktionale Leistungsbeschreibung) gewonnen werden.

8. hohe Anforderung an Kostensicherheit: Nach der Werkplanung besteht aufgrund der Planungstiefe und Vorhersehbarkeit der Prozesse ein hohes Maß an Kostensicherheit, das bei konventionellen Bauweisen nur mit pauschalierten Verträgen und entsprechenden Risikoaufschlägen erreichbar ist.

Explizite Stärken

1. temporärer Charakter, hohe Anforderung an Wiederverwertbarkeit: Wie keine andere Bauweise eignet sich das Bauen mit Raummodulen für temporäre Nutzungen, erweiterbare oder zu verkleinernde Gebäudekonzepte und das Versetzen von ganzen Gebäuden.

2. kurze Bauzeit: Die gesamte Projektlaufzeit ist im Vergleich zu anderen Bauweisen erheblich kürzer (siehe »Prozess«, S. 50ff.), die Montage vor Ort erfolgt extrem schnell. Daher macht die Raummodulbauweise immer dann besonders Sinn, wenn Vorteile durch eine kurze Bauzeit entstehen (z. B. Hotelerweiterung mit Ausfall von Einnahmen, Aufstockungen von Gebäuden im Betrieb etc.).

3. emissionsarme Baustelle: Im Vergleich zu konventionellen Baustellen ist die Montage von Modulen nicht nur schnell, sondern auch wesentlich ärmer an Emissionen von Lärm, Erschütterungen, Staub oder Gerüchen. Diese Vorteile kommen besonders zum Tragen, wenn im Bestand oder in einem sehr dichten städtischen oder auch besonders sensiblen Umfeld gebaut werden muss.

4. hohe Ausführungsqualität: Die Qualität der Ausführung wird durch die komplette werkseitige Vorfertigung erheblich erhöht und ist vor allem wesentlich effektiver kontrollierbar.

1 aufeinander aufbauende Parameter zur Entscheidungsfindung pro/contra Holz-Raummodulbauweise

1

Projektbeispiele

Hotel Ammerwald bei Reutte (AT)

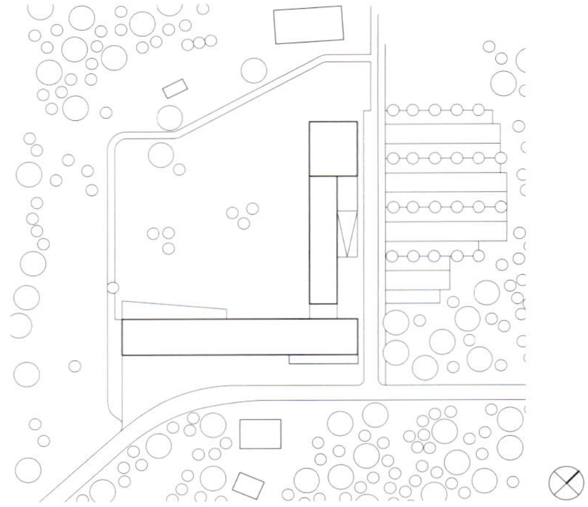

Architekten:	Oskar Leo Kaufmann und Albert Rüf, Dornbirn
Mitarbeiter:	Bernd Riegger (Projektleitung) Matthias Reichert, Eva Hagmayer
Tragwerksplaner:	Mader & Flatz, Bregenz (Massivbau) merz kley partner, Dornbirn (Holzbau)
Holzbauunternehmen:	Bietergemeinschaft: Kaufmann Zimmerei und Tischlerei, Reuthe Kaufmann Bausysteme, Reuthe
Fertigstellung:	2009

Das nahe des Plansees auf 1100 m üNN gelegene Hotel wird vornehmlich als Seminarhotel betrieben. Die Raummodule sind auf einen zweigeschossigen, L-förmigen Sockel gesetzt, der die Gemeinschaftsnutzungen aufnimmt. Diese Sockelgeschosse sind ebenso wie die drei Treppenhäuser aus Stahlbeton errichtet, um den winterlichen Schneehöhen und den statischen und brandschutztechnischen Aspekten Rechnung zu tragen.
Die drei oberen Geschosse werden sehr effizient durch einen Mittelflur erschlossen und bestehen im Wesentlichen aus 96 Raummodulen, welche die Zimmer beinhalten. Die Qualität dieser Räume entwickelt sich aus ihrer Materialität: Das Brettsperrholz der Konstruktion bildet sämtliche Oberflächen. Auch der Boden ist ohne weiteren Aufbau belassen, auf einen entkoppelten Estrich wird verzichtet. So entsteht eine schichtenarme und platzsparende Konstruktion. Nur in den besonders feuchtigkeitsbelasteten Badbereichen ist das Holz durch eine transparente Beschichtung geschützt.
Die Konstruktion des Flurs besteht aus Brettsperrholzplatten, die elastisch auf den Raumzellen auflagern und durch den Estrich und die Beplankung mit Gipskarton die Brand- und Schallschutzauflagen erfüllen. Aufgrund der Doppelschaligkeit der Wände und Decken sowie der fugenseitig direkten Gipskartonbeplankungen können die geforderten Luft- und Trittschallschutzwerte eingehalten werden. Für die Vorfertigung der Raummodule wurde eine eigene Produktionsstraße mit zwölf Fertigungsstationen eingerichtet. Die Module konnten bis zur Inneneinrichtung inklusive Vorhängen in insgesamt 31 Tagen produziert werden. Auch die Haustechnikstränge wurden vormontiert und vor Ort nur noch miteinander verbunden. Die Montage der Module auf der Baustelle dauerte zehn Tage. Die Edelstahlfassade wurde erst vor Ort angebracht, um Beschädigungen der sensiblen Oberfläche bei Transport

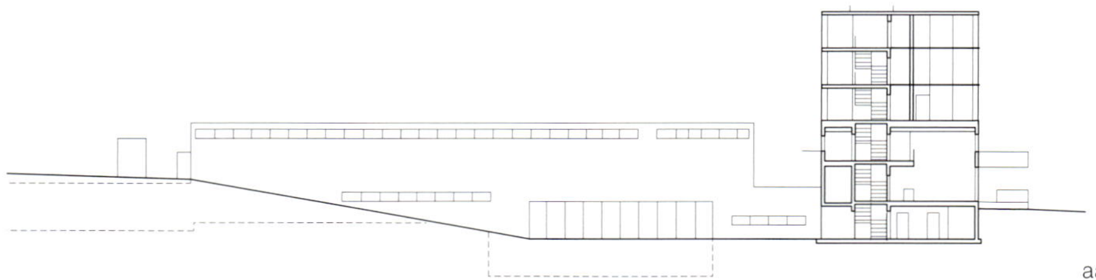

aa

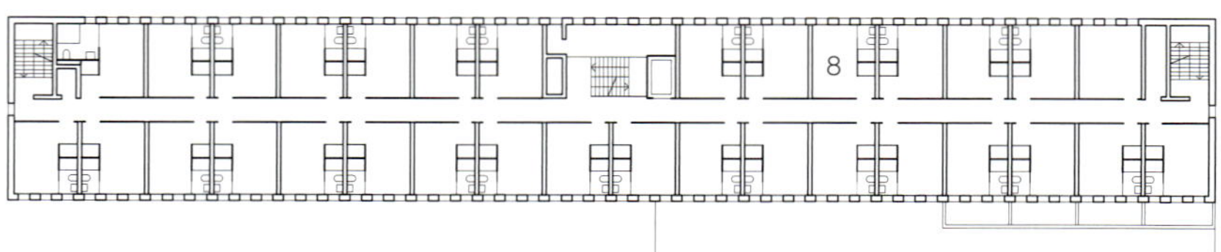

3. OG

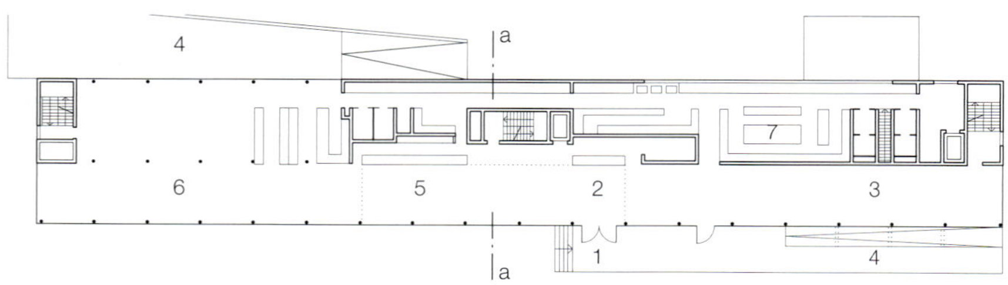

EG

Lageplan
Maßstab 1:3000
Schnitt • Grundrisse Gästetrakt
Maßstab 1:750

1 Eingang
2 Lobby
3 Restaurant
4 Terrasse
5 Bar
6 Speisesaal
7 Küche
8 Zimmer

Modul Raumzelle
Vertikalschnitt • Horizontalschnitt
Maßstab 1:50

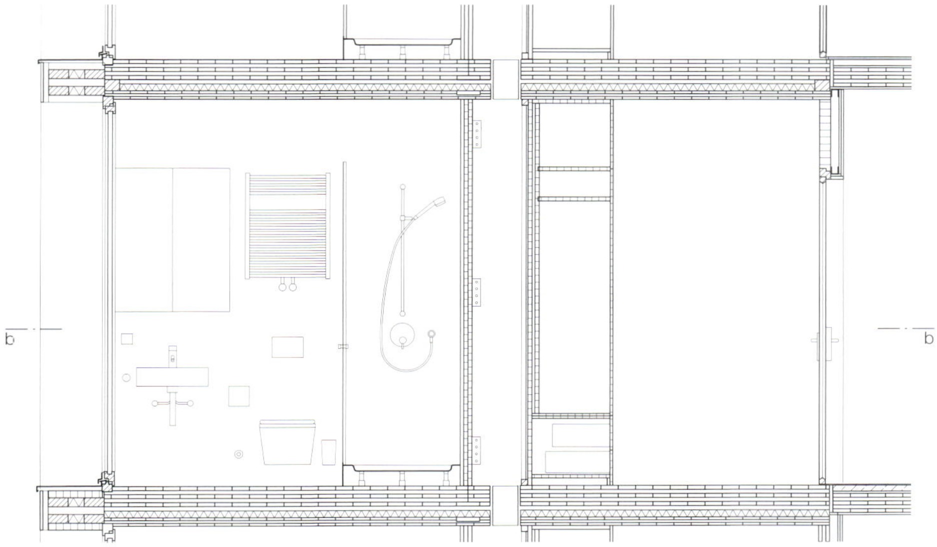

und Montage auszuschließen. Die Holzbauweise in Gebäudeklasse 5 und die teils sichtbaren Holzoberflächen entsprechen nicht in allen Teilen der geltenden Bauordnung. Im projektspezifischen Brandschutzkonzept sind dafür einige Kompensationsmaßnahmen definiert: Die Brandabschnitte sind wesentlich kleiner als zulässig, die Fluchtwege maximal 20 m lang. Zusätzlich ist eine umfängliche Brandmeldeanlage installiert. Der Brandwiderstand der Tragkonstruktion beträgt 60 Minuten.
Das Projekt setzte aufgrund der neuartigen Größenordnung und der architektonischen Qualität einen starken Impuls für den Raummodulbau in Holz.

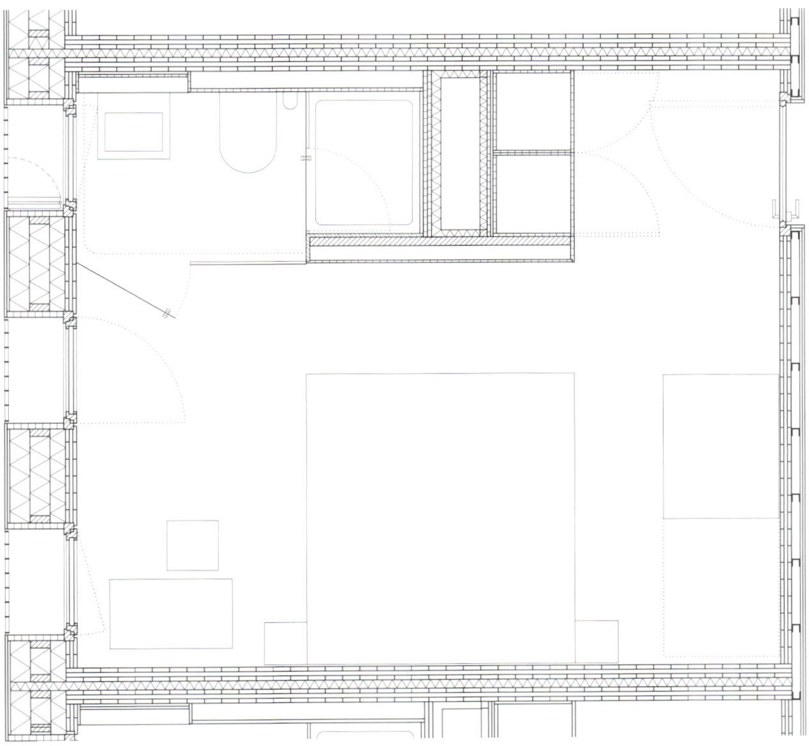

bb

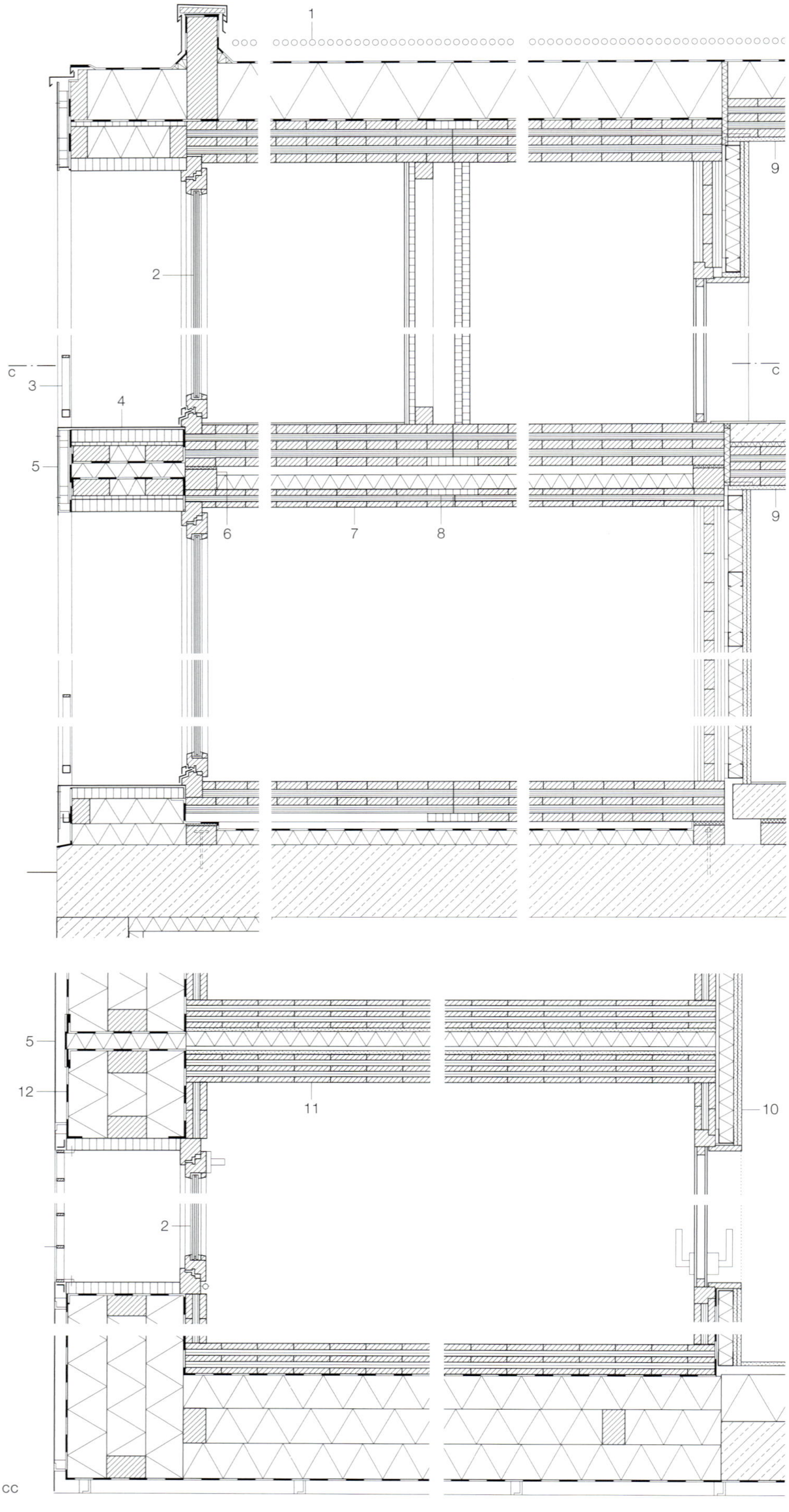

Vertikalschnitt • Horizontalschnitt
Maßstab 1:20

1 Kies 60 mm
Abdichtung Bitumenbahn, dreilagig 11 mm
Wärmedämmung PUR-Hartschaum
ohne Gefälle 200 mm
Dampfsperre
Brettsperrholz fünflagig 140 mm,
innenseitig geölt
2 Fenstertür: Lärche mit Wärmeschutzverglasung
ESG 6 mm + SZR 16 mm + ESG 6 mm,
U = 1,1 W/m²K
3 Geländer Aluminiumprofil 25/6 mm,
geschweißt, lackiert
4 Edelstahlblech 2 mm geschliffen
Dreischichtplatte Lärche 42 mm
OSB-Platte 12 mm
Wärmedämmung Mineralwolle 64 mm
Dampfbremse
Wärmedämmung Mineralwolle 64 mm,
bauseits montiert (Modulstoß)
Dampfbremse
Wärmedämmung Mineralwolle 64 mm
OSB-Platte 12 mm
Dreischichtplatte Lärche 42 mm
5 Edelstahlblech 2 mm geschliffen
mit Hinterlüftung, bauseits montiert
6 Lagerkantholz mit Sylomerstreifen 12 mm
7 Brettsperrholz dreilagig 60 mm,
innenseitig geölt
Mineralwolle 50 mm
Luftschicht 30 mm (Modulstoß)
Brettsperrholz fünflagig 140 mm
Beschichtung Polyurethanharz 1 mm (im Bad)
8 Plattenstoß mit Verbindungslasche,
Dreischichtplatte 27/160 mm,
vierreihig verschraubt
9 Dach-/Deckenplatte bauseitig montiert
10 Vorsatzschale Gipskarton bauseitig montiert
11 Brettsperrholz fünflagig 95 mm,
innenseitig geölt
Gipskartonplatte 12,5 mm
Mineralwolle 50 mm
Luftschicht 15 mm (Modulstoß)
Gipskartonplatte 12,5 mm
Brettsperrholz fünflagig 95 mm,
innenseitig geölt
12 Windpapier, Wärmedämmung Mineralwolle
dreilagig 380 mm
Dampfbremse
Brettsperrholz dreilagig 72 mm,
innenseitig geölt

a Vorfertigung der Zimmermodule in der Werkstatt
b Montage der Zimmermodule auf der Baustelle

a

b

Wohn- und Pflegeheim mit Kindergarten in Fieberbrunn (AT)

Architekten:	sitka.kaserer.architekten, Saalfelden
Mitarbeiter:	Andreas Planegger (Projektleitung), Norbert Haiden, Andreas Schwarzenberger
Tragwerksplaner:	merz kley partner, Dornbirn (Holzbau) FS1 Fiedler Stöffler, Innsbruck (Massivbau)
Holzbauunternehmen:	Kaufmann Bausysteme, Reuthe
Fertigstellung:	2011

Das Gebäude liegt im größten Ort des Pillerseetals an einem Hanggrundstück oberhalb der Durchgangsstraße und wird von oben durch eine Nebenstraße erschlossen. Das Raumprogramm des Sozialzentrums umfasst ein Alten- und Pflegewohnheim mit 80 Betreuungsplätzen, eine Tagesbetreuung für Senioren mit Café und einen Kindergarten mit vier Gruppen. Das Gebäude ist durch Subtraktionen aus einem langgestreckten Quader entwickelt, in den drei Lichthöfe eingeschnitten wurden. So ergibt sich ein um die Höfe mäandrierendes Volumen. Konstruktiv ist es klar dreigeteilt in einen aus Stahlbeton konstruierten Mittelbereich, der Lichthöfe, Erschließung, gemeinschaftliche Bereiche und Nebenfunktionen aufnimmt, sowie die beidseitig angelagerten, nach Ost und West orientierten Zonen der insgesamt 78 Pflegezimmer. Im Bereich des Kindergartens ist über den Modulen eine zweite Brettsperrholzdecke zur Lastverteilung angeordnet. Das Dach ist als Hohlkastendecke ausgeführt. Der Kindergarten ist aus flächigen Brett-sperrholzelementen konstruiert und liegt in der obersten Ebene mit eigenem Zu-gang von der Straße. Die Tragstruktur der Mittelzone besteht aus einem Stahlbetonskelett mit beidseitig auskragenden Decken, welche die Erschließungszonen bilden. Die Module der Pflegezimmer verfügen über eine Grundfläche von 3,79 × 7,60 m. Das Brettsperrholz ist in den Räumen sichtbar belassen. Eine raumhohe Festverglasung ermöglicht den Blickbezug vom Bad in das Pflegezimmer. Die Module wurden inklusive der Einrichtung komplett vorgefertigt, die elementierte Holzfassade ist nachträglich aufgebracht. Das Projekt wird von seinem intensiven Ortsbezug geprägt und zeigt beispielhaft das architektonisch-konstruktive Potenzial von Hybridbauweisen aus Raummodulen in Holz und weitgespannten Stahlbetonskeletten.

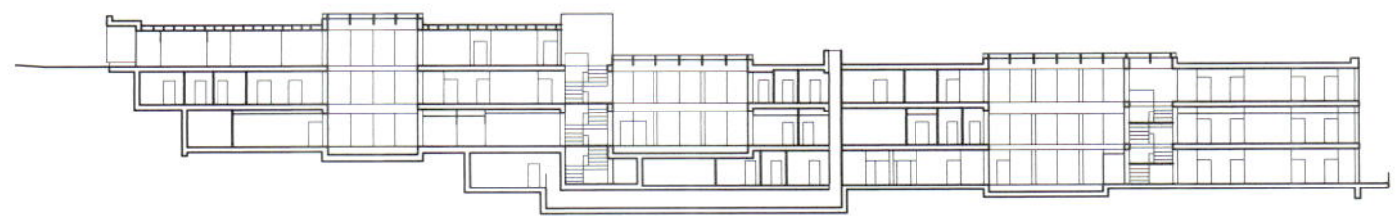

aa

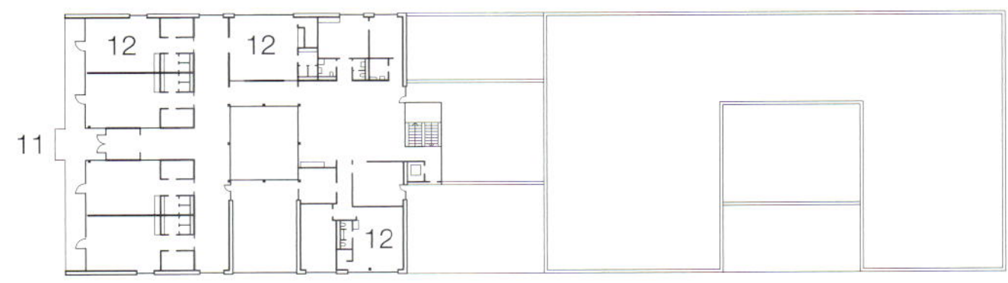

3. OG

2. OG

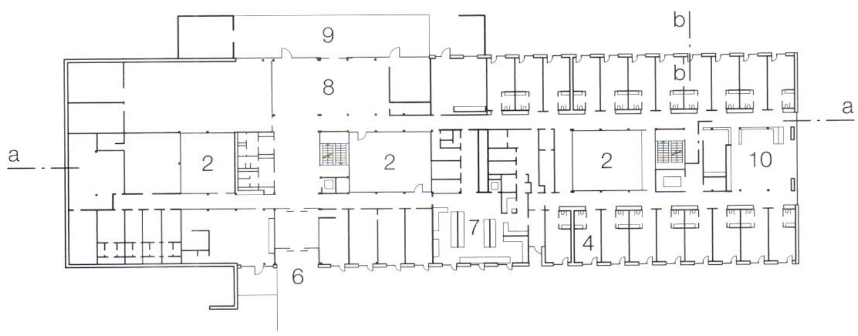

1. OG

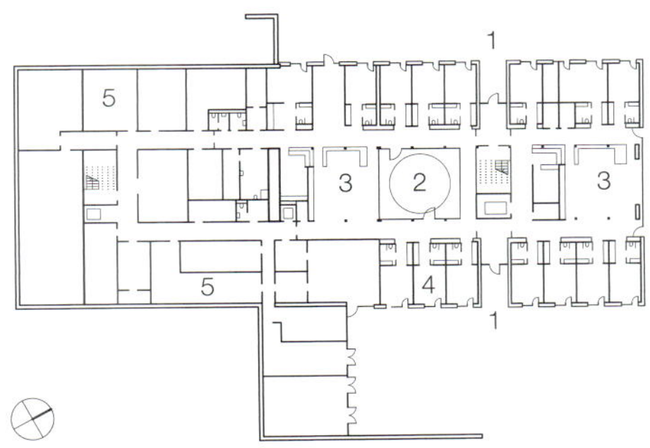

EG

Schnitt • Grundrisse
Maßstab 1:1250

1 Eingang Pflegeheim
2 Lichthof
3 Wohnbereich
4 Zimmer
5 Lager
6 Eingang Wohnheim
7 Küche
8 Café
9 Terrasse
10 Wohnküche
11 Eingang Kindergarten
12 Gruppenraum

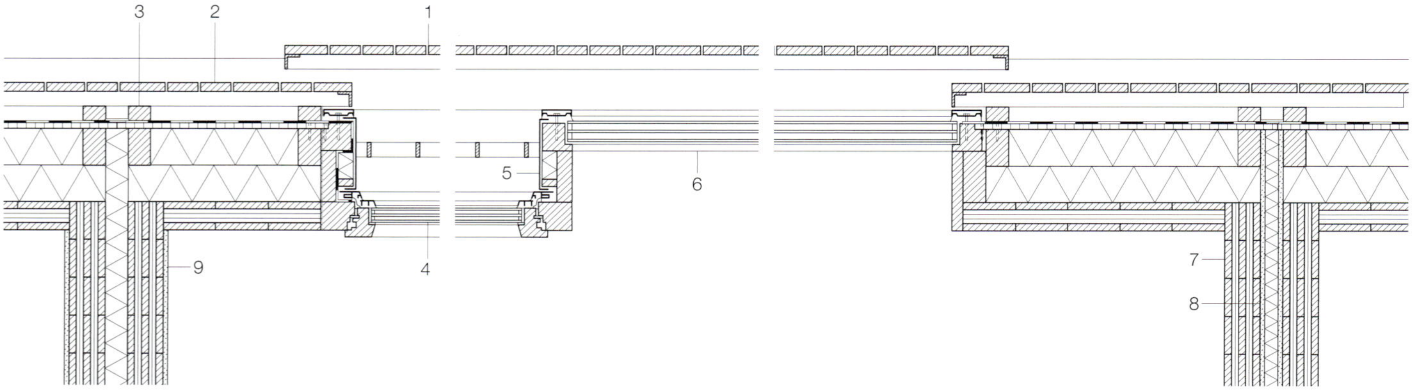

cc

Horizontalschnitt
Vertikalschnitte:
Modulstoß Innenwand unbekleidet
Modulstoß Fußpunkt Badezimmer
Fassade
Maßstab 1:20
Isometrie Raummodul Zimmer
Isometrie Anordnung Module

1 Sonnenschutz:
Rahmen Aluminium 1950/3500 mm, elektrisch verschiebbar, Beplankung Lärche sägerau, lasiert 24 mm
2 Fassade:
Schalung Lärche Nut-/Feder sägerau, Brettbreiten 80, 100, 120 mm
Lattung horizontal 60/40 mm
3 Wandaufbau Modul:
Lattung vertikal 60/40 mm/Hinterlüftung
Windpapier
Holzfaserplatte diffusionsoffen, feuchtebeständig 15 mm
Kreuzlattung 100/60 mm, dazwischen Mineralfaser Klemmfilz 200 mm
Brettsperrholz dreilagig 76 mm, raumseitige Oberfläche mit UV-Schutzlasur
4 Öffnungsflügel Fenstertür:
Holzrahmen mit Aluminiumklemmprofil und Dreifachisolierverglasung
5 Aluminiumblech pulverbeschichtet 2 mm
6 Festverglasung: Holzrahmen mit Aluminiumklemmprofil und Dreifachisolierverglasung
7 Innenwand Modul:
Brettsperrholz fünflagig 95 mm
raumseitige Oberfläche mit UV-Schutzlasur
8 Gipskarton 12,5 mm
Mineralwolle 35 mm
Gipskarton 12,5 mm
9 Gipskarton 12,5 mm
Brettsperrholz fünflagig 95 mm
Mineralwolle 60 mm

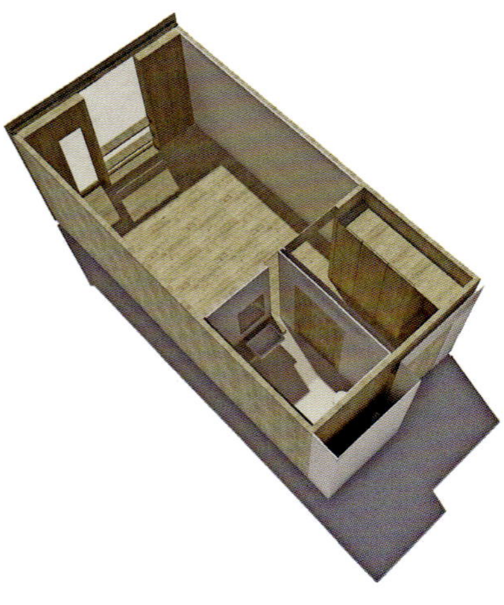

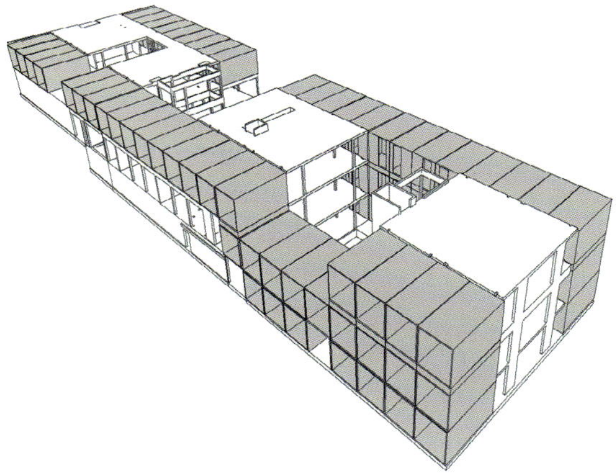

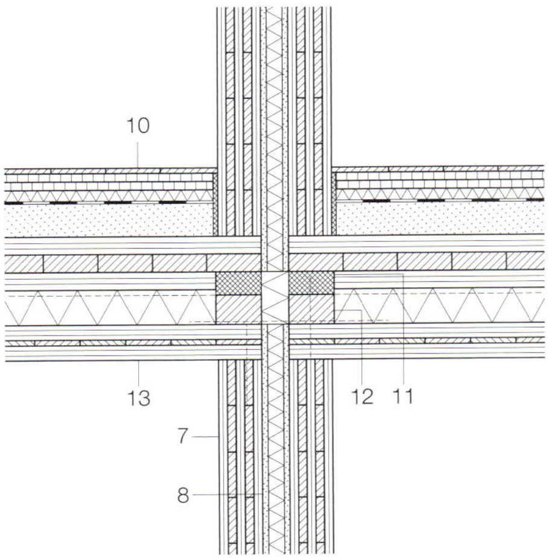

Brettsperrholz fünflagig 95 mm
Gipskarton 12,5 mm
10 Bodenaufbau Modul Regelgeschoss:
Parkett Eiche 12 mm
Spanplatten 2× 19 mm
Trittschalldämmung 25 mm
Dampfbremse
Splittschüttung 74 mm
Brettsperrholz dreilagig 120 mm
11 Sylomerauflager 12 mm
12 Schwelle KVH 67 mm, dazwischen Dämmung
13 Deckenaufbau Modul:
Brettsperrholz dreilagig 81 mm, raumseitige Oberfläche mit UV-Schutzlasur
14 Bodenaufbau Bad:
Fliesen 10 mm
Estrich 62 mm
Dampfbremse
Weichfaserplatte 10 mm
Brettsperrholz dreilagig 120 mm
Sylomerauflager 15 mm
Wärmedämmung XPS 60 mm
Abdichtung
Stahlbeton 400 mm
15 Bodenaufbau Modul EG:
Parkett Eiche 12 mm
Spanplatten 2× 19 mm
Trittschalldämmung 25 mm
Dampfbremse
Brettsperrholz dreilagig 120 mm
Sylomerauflager 15 mm
Wärmedämmung XPS 60 mm
Abdichtung
16 Sandwichpaneel:
Aluminiumblech pulverbeschichtet 2 mm
Wärmedämmung XPS 60 mm
Dampfsperre
Dreischichtplatte Fichte UV-Schutzlasur 15 mm
17 Absturzsicherung: Flachstahl verzinkt 40/10 mm

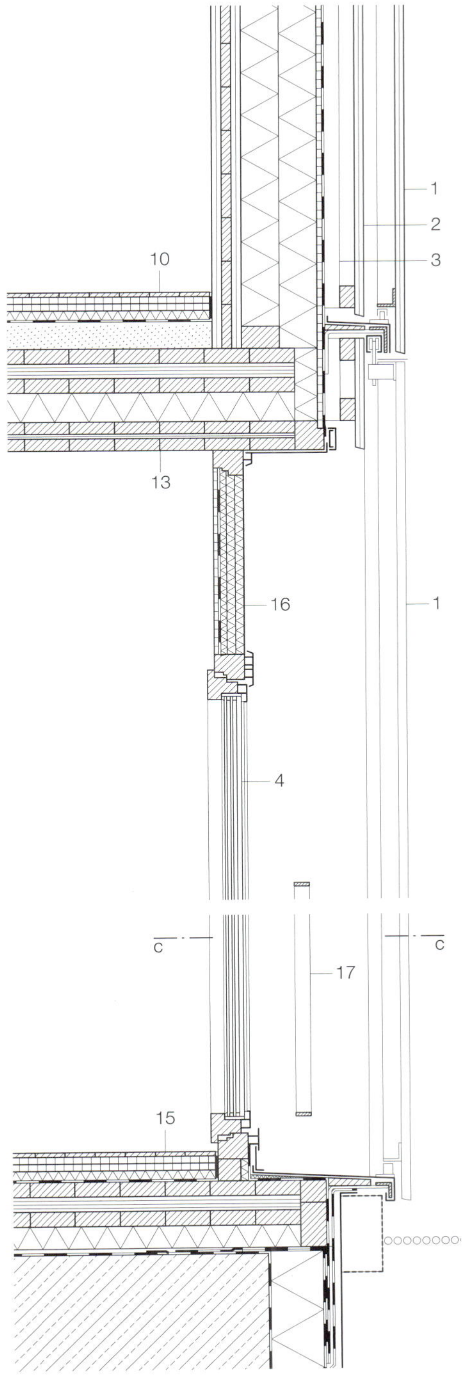

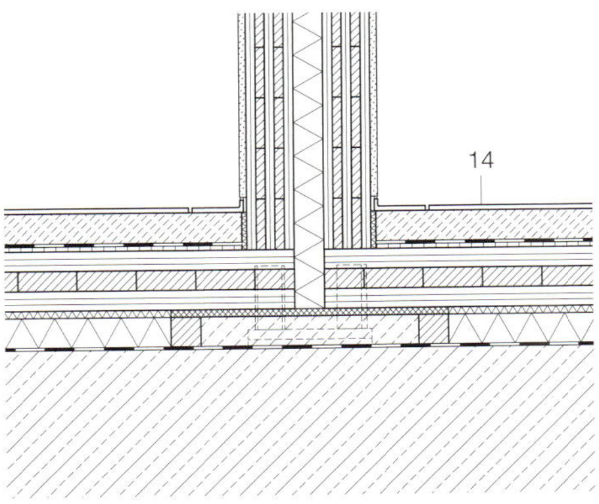

bb

Hotel Katharinenhof in Dornbirn (AT)

Architekten:	Johannes Kaufmann Architektur, Dornbirn / Wien
Mitarbeiter:	Michael Wehinger (Projektleitung), Iris Priewasser, Christos Hantzars (Bauleitung)
Tragwerksplaner:	merz kley partner, Dornbirn
Holzbauunternehmen:	Kaufmann Zimmerei und Tischlerei, Reuthe
Fertigstellung:	2017

Das zentral in Dornbirn gelegene Gebäude ist eine Erweiterung eines bestehenden Hotels. Die vorgegebene extrem kurze Bauzeit führte zur Raummodulbauweise. Das Untergeschoss aus Stahlbeton nimmt eine Tiefgarage auf. Das Erdgeschoss, ebenfalls in Stahlbeton erstellt, beherbergt Empfang, Lobby, Küche, Frühstücksraum und den Zugang zum Bestandsbau. In den drei Oberschossen befinden sich 39 Hotelzimmer der Vier-Sterne-Kategorie, für die drei unterschiedliche Modultypen (Einzelzimmer, Doppelzimmer Standard, Doppelzimmer Superior) entwickelt wurden. Auch Treppenhaus und Aufzugsschacht sind als Raummodule in Holzbauweise vorgefertigt. Das städtisch anmutende Gebäude zeigt seine Holzbauweise nicht auf den ersten Blick: Die Konstruktion aus Brettsperrholz ist auf Wunsch der Bauherren raumseitig mit einer Gipskartonplatte bekleidet. So verbessert diese Schicht den Schallschutz und stellt eine brandschutztechnische Kapselung der Tragkonstruktion dar. In den Decken der hochinstallierten Module sind Lüftungsleitungen und -auslässe integriert.
Eine homogene Metallfassade überzieht Stahlbetonsockel und Raummodule und betont so die Strenge des Baukörpers. Ein tiefer Einschnitt in das Volumen betont den Eingang. Durch die schräg verlaufenden, zurückversetzten Glasfassaden der Hotelzimmer entstehen Nischen für kleine Balkone. Deren Tragkonstruktion – eine schlanke Brettsperrholzplatte – ist mit einer Abdichtung versehen und einem Gitterrost belegt. Die Balkone wurden bereits mit den Modulen vorgefertigt. Lediglich die Fassadenhaut wurde vor Ort ergänzt. Die Vorfertigung der Module nahm vier Wochen in Anspruch. Die Module wurden innerhalb von drei Tagen auf den Sockel montiert. Die Gesamtbauzeit inklusive des Untergeschosses betrug nur sechs Monate.

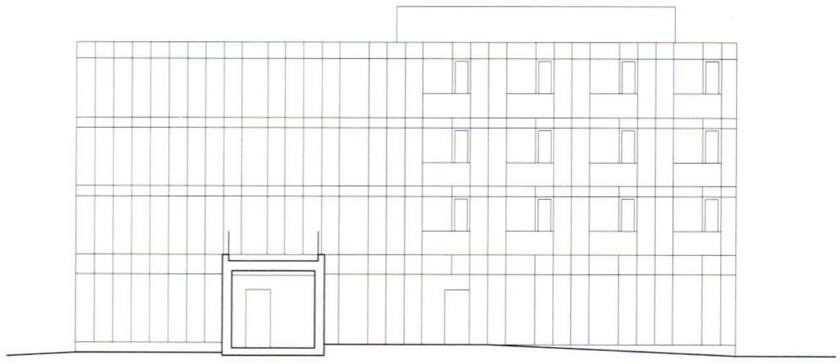

aa

Ansicht • Grundrisse
Maßstab 1:400

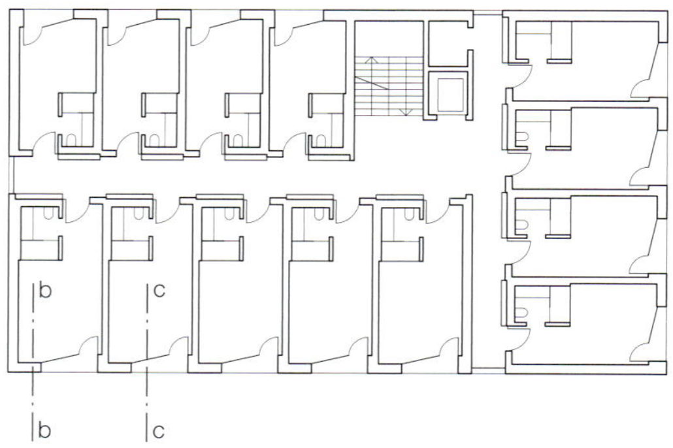

Regelgeschoss

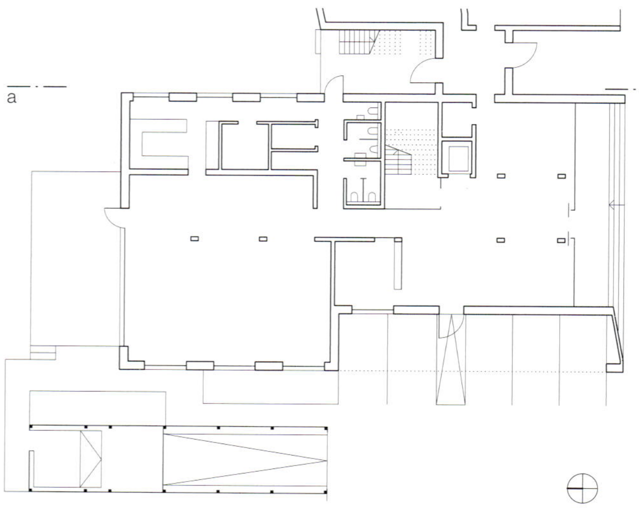

EG

Vertikalschnitte
Maßstab 1:20

1 Dachaufbau:
Kies 50 mm
Abdichtung Bitumenbahn zweilagig
Wärmedämmung PUR-Dämmplatten 60 mm
Wärmedämmung EPS 60 mm
Gefälledämmung EPS 20–140 mm
Dampfsperre
Brettsperrholz fünflagig 120 mm
Gipskarton 15 mm
2 Aluminiumplatten geschliffen, bandeloxiert 3 mm geklebt auf Unterkonstruktion Z-Profil / Hinterlüftung 38 mm, Windpapier
3 Lattung senkrecht 60/120 mm und waagrecht 60/120 mm, dazwischen Wärmedämmung Mineralwolle 240 mm
Wandaufbau Modul :
Brettsperrholz dreilagig 80 mm
Gipskarton 2× 15 mm
4 Bodenaufbau Modul 2. OG:
Vinyl 12 mm
Spanplatte 2× 19 mm
Dampfsperre
Trittschalldämmung 30 mm
Splittschüttung 40 mm, Rieselschutzvlies
Brettsperrholz fünflagig 120 mm
Wärmedämmung 60 mm
5 Deckenaufbau Modul:
Gipskarton 15 mm
Brettsperrholz dreilagig 70 mm
6 abgehängte Decke Akustikpaneel MDF lackiert auf Unterkonstruktion 62 mm
Stahlbeton 380 mm
7 Bodenaufbau EG:
Fliesen 10 mm
Estrich 70 mm
Trittschalldämmung 30 mm
Wärmedämmung 140 mm
Schüttung 35 mm
Stahlbeton 350 mm
8 Fassade Erdgeschoss:
Aluminiumplatten geschliffen, bandeloxiert 3 mm geklebt auf Unterkonstruktion Z-Profil Hinterlüftung 38 mm, Windpapier
Unterkonstruktion Lattung senkrecht 60/120 mm und waagrecht 60/80 mm dazwischen Wärmedämmung Mineralwolle 200 mm
Stahlbeton 200 mm
Putz 2 mm
9 Sonnenschutz Textilscreen
10 Holz-Aluminium-Fenster mit Dreifachisolierverglasung
11 Gitterrost Metall 30 mm auf Unterkonstruktion Holz
Gummigranulat
Abdichtung Bitumenbahn zweilagig
Sperrholzplatte 50 mm
KVH 50/160 mm
Aluminiumplatten geschliffen, bandeloxiert 3 mm geklebt auf Unterkonstruktion Z-Profil
12 Stahlprofil L 40/40/3 mm
13 Absturzsicherung:
Obergurt Flachstahl 60/30mm,
Stahlstab pulverbeschichtet Ø 10 mm

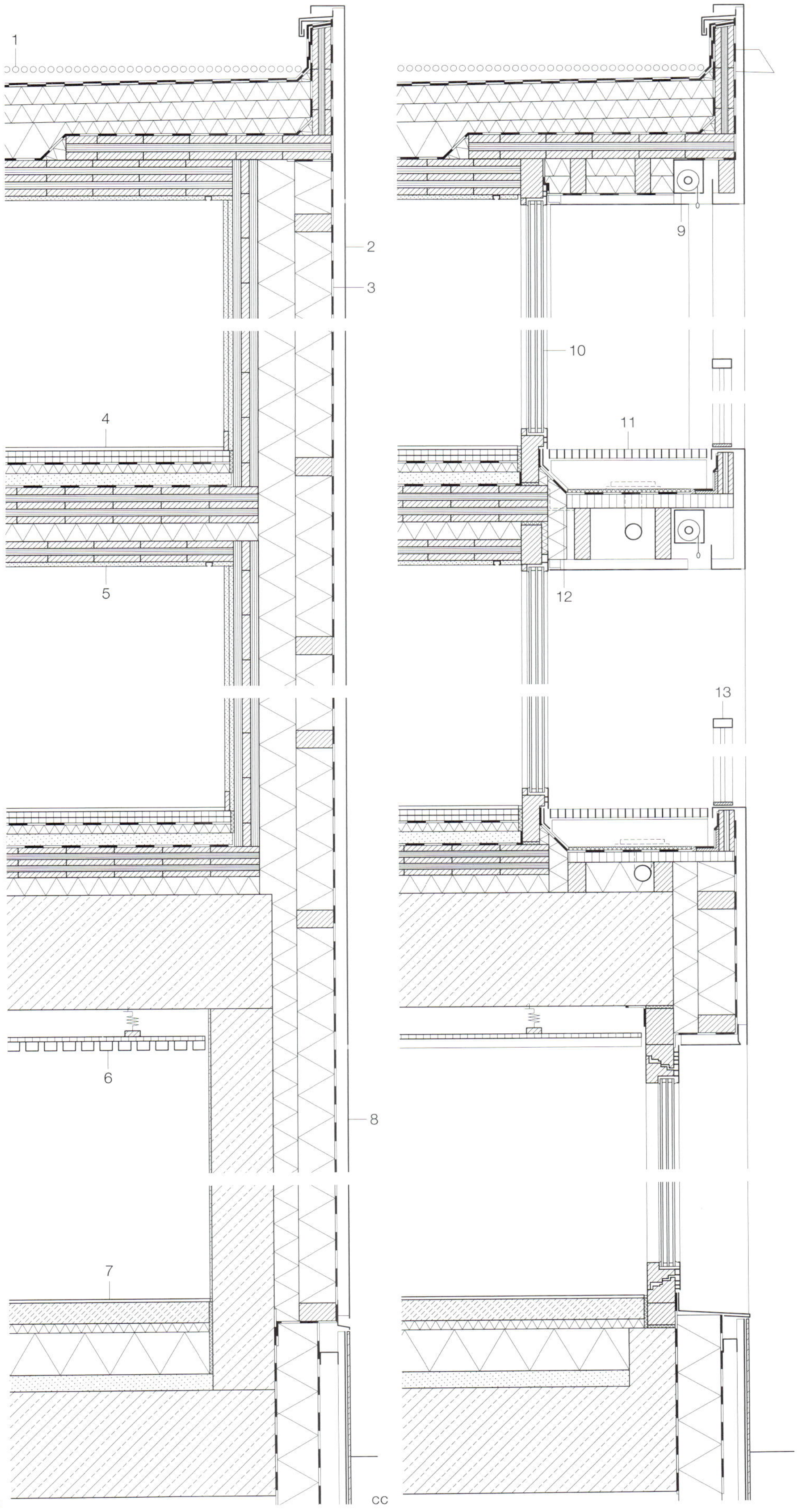

Studentenwohnheim in Heidelberg (DE)

Architekten: LiWooD Management AG, München
Manfred Gruber (freier Architekt)
Mitarbeiter: Daniel Friedrichson (Projektleitung)
Tragwerksplaner: dHb Dürauer Herrmann Brändle Tragwerksplaner, Eningen unter Achalm
Holzbauunternehmen: LiWooD Heidelberg AG & Co. KG, München
Fertigstellung: 2013

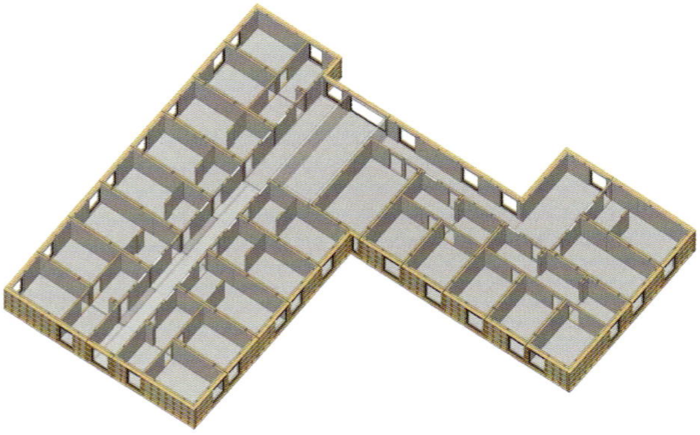

Grundrissschema EG Haus II

Das Studierendenwerk Heidelberg beauftragte einen Totalunternehmer auf Grundlage eines Wettbewerbs mit der Errichtung der 158 Apartments für insgesamt 265 Studierende. Das Grundmodul von 3,40 m × 6,60 m Grundfläche lässt sich als Einzelapartment nutzen, es können aus zwei bis vier Modulen auch Wohnungen für mehrere Studierende oder für junge Familien gebildet werden. Bei den etwa 20 t schweren Raummodulen handelt es sich um eine Hybridkonstruktion, welche die Vorteile der jeweiligen Materialien nutzt: Die Decken sind aus Stahlbetonfertigteilen, die Wände aus Brettsperrholz. Auch der Herstellungsprozess beeinflusste die Konstruktion wesentlich: In einer sogenannten Feldfabrik wurden direkt vor Ort die von lokalen Subunternehmen angelieferten Holzelemente, Stahlbetonfertigteile, Haustechnikkomponenten etc. zu oben offenen Raummodulen zusammengesetzt und diese dann mit dem Autokran montiert. Sechs Module konnten so täglich fertiggestellt werden.
Konische Holzdübel in der Wandkrone dienten zur Positionierung der Raummodule bei der Montage. Stahleinbauteile koppeln die Deckenelemente zu einer steifen Scheibe, die an die Stahlbetontreppenhäuser angeschlossen ist. Die Flurdecken bestehen ebenfalls aus Fertigteilen, die schallentkoppelt auf Konsolenauflagern, die aus den Moduldecken auskragen. Der erhöhte Schallschutz nach DIN 4109 wird erreicht. Das Projekt ist insgesamt gemäß Anforderung der Gebäudeklasse 4 hochfeuerhemmend ausgeführt. Die Brettsperrholzwände sind mit Gipsfaserplatten $K_2 30$ gekapselt, das Gesamtbauteil erreicht REI 60. Die Fassadenbekleidung sowie die Möblierung wurden nach dem Versetzen der Module montiert. Die Bauzeit ab Oberkante Bodenplatte bis zum Bezug betrug fünf Monate.

Schnitt • Grundriss
Maßstab 1:750

Baustelle mit Feldfabrik

Vertikalschnitte Fassaden
Horizontalschnitt Modulfassade
Horizontalschnitt Modulwand Flur
Maßstab 1:20

1 Wandaufbau:
Zementfaserplatte 8 mm
Lattung / Hinterlüftung 30 mm
Windpapier
Lattung horizontal 60/60 mm, dazwischen Wärmedämmung Mineralfaser
KVH vertikal 60/180 mm, dazwischen Wärmedämmung Mineralfaser
Kapselung Gipsfaserplatte 18 mm
Brettsperrholz dreilagig 110 mm
Kapselung Gipsfaserplatte gespachtelt, gestrichen 18 mm
2 Schallschutzlager 5 mm
3 Stahlprofil verzinkt 150/150/12 mm
4 Titanzinkblech gekantet 1,5 mm, über 2. OG als Brandsperre ausgebildet
5 Vorbaurolladenkasten
6 Kunststofffenster mit Dreifachisolierverglasung
7 Absturzsicherung: Flachstahlrahmen 40/8 mm mit Staketen Flachstahl 40/4 mm
8 Brandschutzverfugung
9 Brettsperrholz dreilagig
10 Bodenaufbau:
Linoleum 5 mm
Estrich mit integrierter Fußbodenheizung Fertigteil 65 mm
Trittschalldämmung Fertigteil 20 mm
Deckenplatte Stahlbetonfertigteil gestrichen 180 mm
11 Modulstoß Wohnungstrennwand:
Kapselung Gipsfaserplatte gespachtelt, gestrichen 18 mm
Brettsperrholz dreilagig 110 mm
Wärmedämmung Mineralfaser 50 mm
Brettsperrholz dreilagig 110 mm
Kapselung Gipsfaserplatte gespachtelt, gestrichen 15 mm
12 Modulwand Flur:
Kapselung Gipsfaserplatte gespachtelt, gestrichen 18 mm
Brettsperrholz dreilagig 110 mm
Kapselung Gipsfaserplatte 18 mm
Unterkonstruktion Metall 32/32 mm
Wärmedämmung Mineralfaser 190 mm
Unterkonstruktion Metall 32/32 mm
Gipskarton (Schallschutz) 2× 18 mm
Lattung 30/60 mm
Zementfaserplatte 8 mm
13 Versorgungsschacht

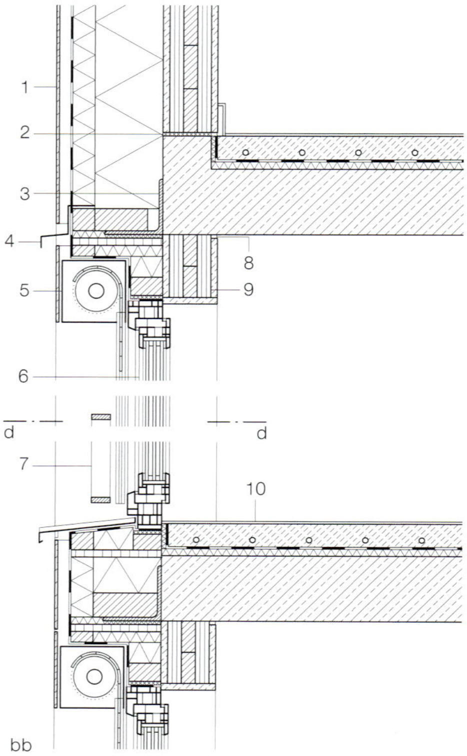

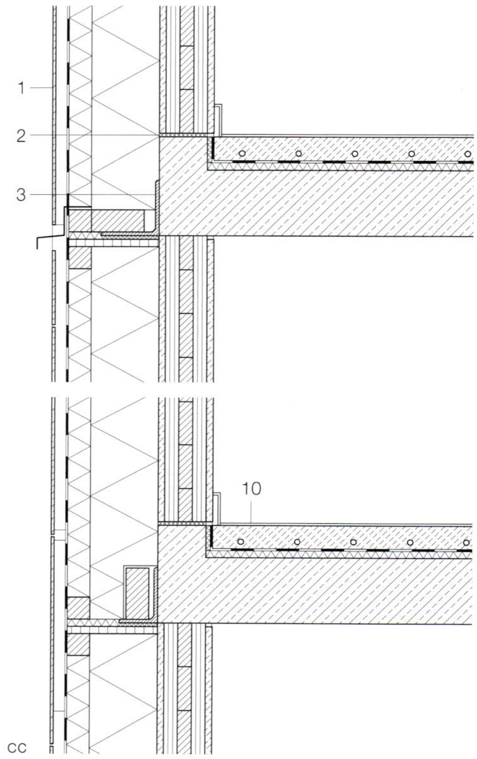

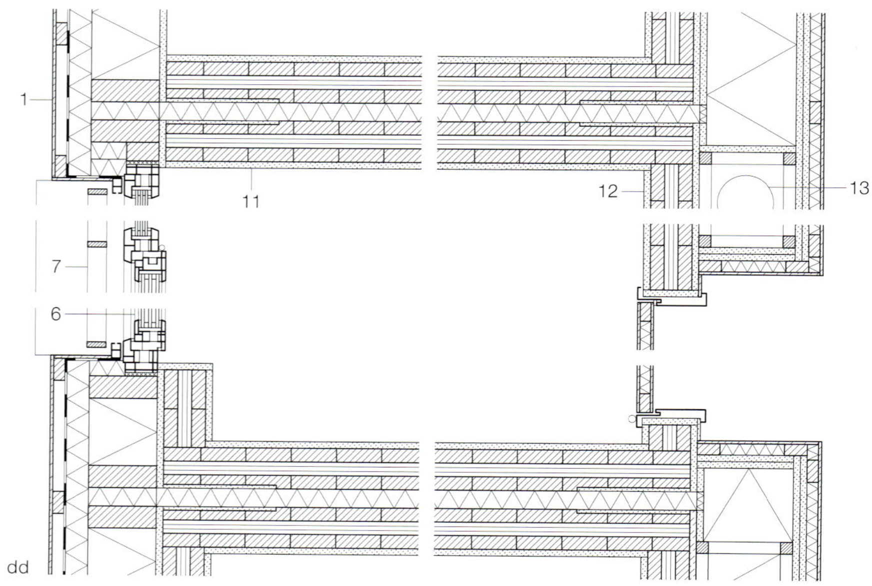

Wohnhochhaus Treet in Bergen (NO)

Architekten: ARTEC, Bergen
Mitarbeiter: Marina Trifkovic (Projektleitung)
Tragwerksplaner: SWECO Norge AS, Oslo
Holzbauunternehmen: Kodumaja (Module)
Moelven (Brettschichtholz, Brettsperrholz)
Fertigstellung: 2015

Das zum Zeitpunkt seiner Erstellung höchste Holzgebäude der Welt liegt direkt am Ufer eines die Stadt Bergen umgebenden Meeresarms. Den Bewohnern der 62 Wohnungen öffnen sich – insbesondere von der Dachterrasse aus – Blicke auf den Hafen und die umliegende Fjordlandschaft. Auf einem sich in die Uferböschung schiebenden Sockel aus Stahlbeton stehen 14 Geschosse in Holzbauweise. Elf Zweizimmerwohnungen mit 42 m² Wohnfläche sind in je einem Modul, 51 Dreizimmerwohnungen mit 62 m² in je zwei zusammengeschalteten Modulen organisiert.

Die Primärkonstruktion besteht aus einem regalartigen Brettschichtholzskelett, in das jeweils maximal vier Geschosse übereinandergestapelter Raummodule in Holzrahmenbauweise eingefügt sind. Jede fünfte Etage ist als Sondergeschoss mit geschosshohen Trägern und Decken aus Stahlbeton ausgeführt, die die notwendige Steifigkeit zur Aufnahme der hohen Windlasten gewährleisten. Balkone, Aufzugsschacht und die beiden Treppenhäuser bestehen aus Brettsperrholz.
Auf den geschlossenen Fassadenseiten ist das Skelett mit Rahmenbauelementen ausgefacht und mit wetterfestem Baustahl bekleidet. Die Glasfassaden der beiden Balkonseiten hüllen die Primärkonstruktion schützend ein, bilden eine energetische Pufferzone und verbessern den Schallschutz zu der benachbarten, stark befahrenen Brücke. Die in Estland produzierten Module wurden auf dem Seeweg angeliefert. Dies ermöglichte die sehr großen Modulabmessungen (maximal 5,30 m Breite). Mit Ausnahme der Balkone sind alle Holzoberflächen gekapselt oder mit Brandschutzanstrichen versehen. Das Gebäude verfügt über eine Sprinkleranlage.

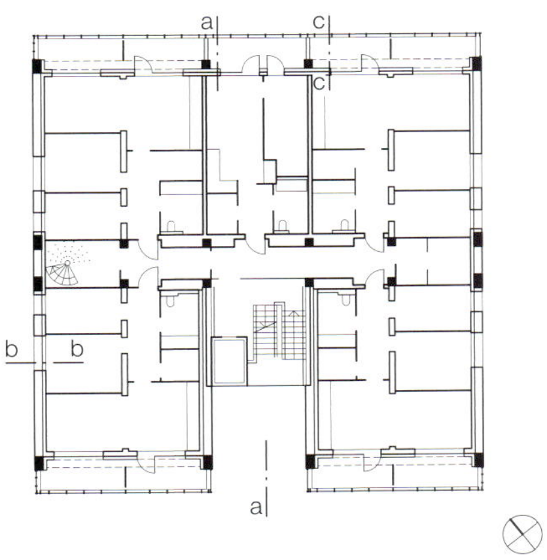

Grundriss Regelgeschoss
Schnitt
Maßstab 1:500
Isometrie
ohne Maßstab

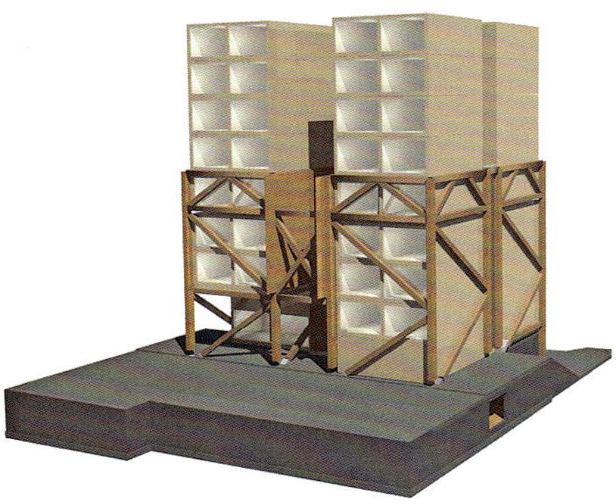

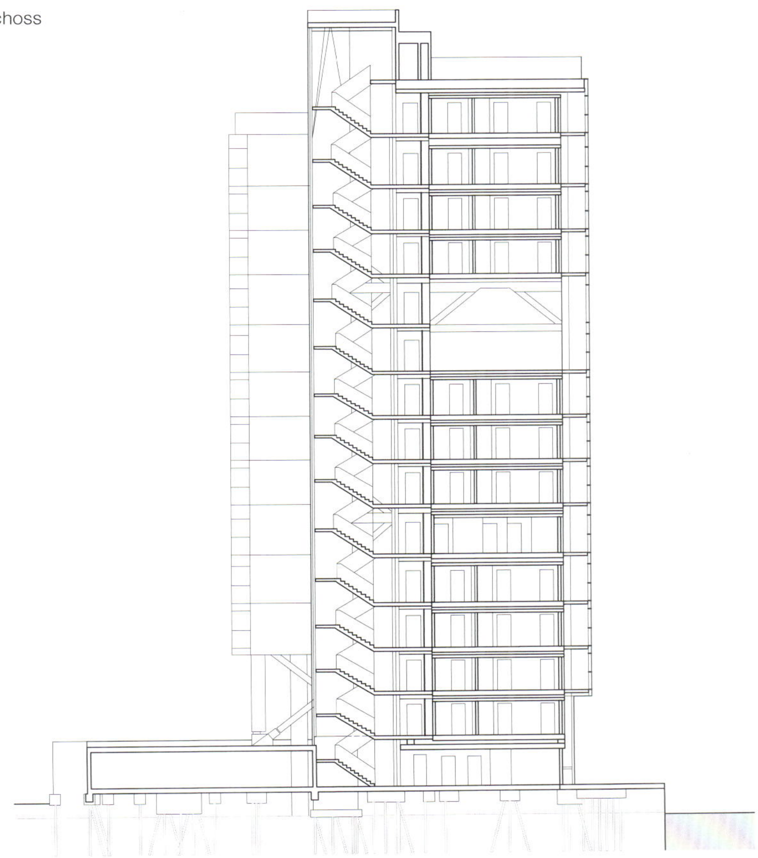

aa

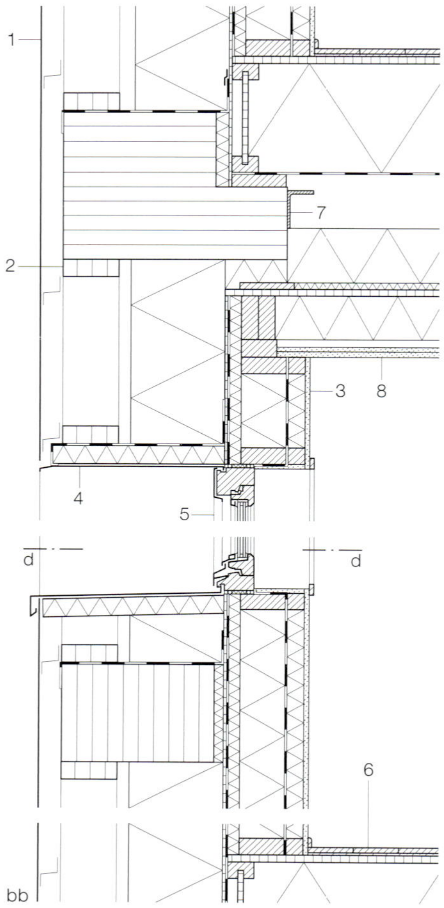

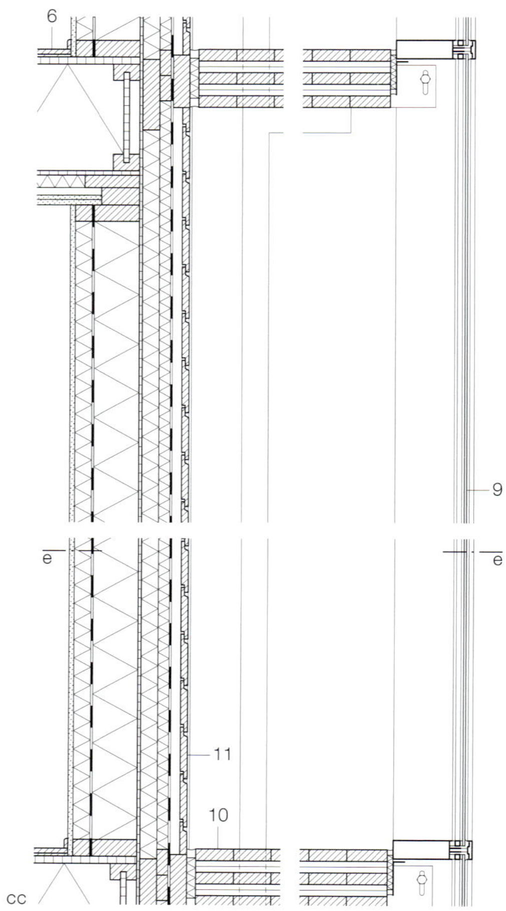

Vertikalschnitte • Horizontalschnitte
Westfassade Sondergeschoss
Glasfassade Loggia Regelgeschoss
Maßstab 1:20

1. Stahlblech wetterfester Baustahl 3 mm
   Unterkonstruktion Stahlprofil / Hinterlüftung
2. Sekundärtragwerk Brettschichtholz 148/48 mm
   Luftschicht Toleranzzone 30 mm
   Wärmedämmung Steinwolle 250 mm
3. Modulwand:
   Gipskarton 13 mm
   Holzrahmen KVH, dazwischen Wärmedämmung 45 mm
   Dampfbremse
   Holzrahmen KVH, dazwischen Wärmedämmung 120 mm
   Wärmedämmung 30 mm
   Windpapier
   OSB-Platte 8 mm
4. Fensterlaibung Aluminiumpaneel eloxiert 50 mm
5. Holz-Aluminium-Fenster mit Isolierverglasung
6. Bodenaufbau:
   Parkett 14 mm auf Unterlage 2 mm
   Akustikunterlage 7 mm
   Spanplatte 22 mm
   Holzrahmen Stegträger, dazwischen Wärmedämmung 300 mm
   Gipskarton 9 mm, Windpapier
   Lattung 36/20 mm
7. Stahlprofil als konstruktive Verstärkung Sondergeschoss
8. Moduldecke:
   Gipskarton 15 + 12 mm
   Lattung 21/70 mm
   Holzrahmen KVH, dazwischen Wärmedämmung 120 mm
   Spanplatte 18 mm
   Lattung 19 mm, dawzischen Dämmung
9. Pfosten-Riegel-Fassade Loggia:
   Aluminiumprofile mit Einfachverglasung
10. Decke Loggia:
    Brettsperrholz fünflagig unbehandelt 161 mm
11. Modulaußenwand:
    Schalung horizontal Kiefer gestrichen 19/145 mm
    Lattung 30 mm
    Windpapier
    Wärmedämmung 30 mm
    Holzrahmen KVH mit Wärmedämmung 45 mm
    OSB-Platte 8 mm
    Holzrahmen KVH, dazwischen Wärmedämmung 120 mm
    Dampfsperre
    Holzrahmen KVH, dazwischen Wärmedämmung 45 mm
    Gipskarton 13 mm
12. Stütze BSH 1100/400 mm
13. Brettsperrholz fünflagig 120 mm
14. Modulinnenwand:
    Gipskarton 13 mm
    Dampfbremse
    Holzrahmen KVH 95 mm, dazwischen Wärmedämmung
    OSB-Platte 8 mm
    Dämmung 100 mm
15. Paneel Aluminium eloxiert
16. Entlüftung
17. Stütze BSH 500/500 mm

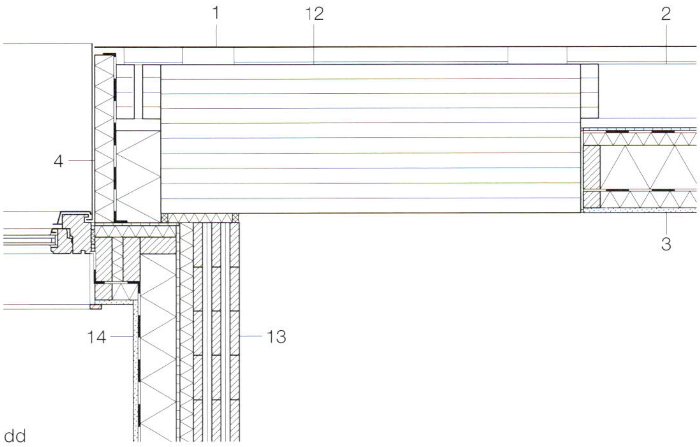

dd

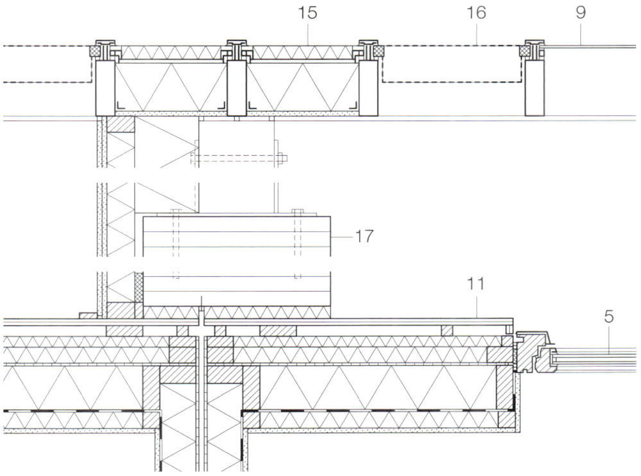

ee

Studentenwohnheim Woodie in Hamburg (DE)

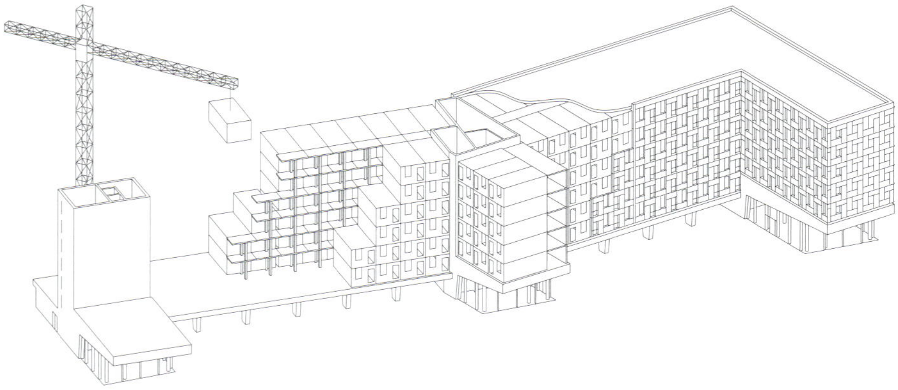

Architekten:	Sauerbruch Hutton, Berlin Louisa Hutton, Matthias Sauerbruch, Juan Lucas Young, Jürgen Bartenschlag, Sibylle Bornefeld, Bettina Magistretti
Tragwerksplaner:	Wetzel & von Seht, Hamburg (Massivbau) merz kley partner, Dornbirn (Holzbau)
Holzbauunternehmen:	Kaufmann Bausysteme, Reuthe
Fertigstellung:	2017

Das von einem privaten Investor betriebene Haus liegt im Stadtteil Wilhelmsburg. Mit seinen 371 Studentenapartments ist es der derzeit größte Wohnbau aus Holzraummodulen. Die Haupterschließung des Gebäudes bildet ein stark frequentierter Fuß- und Radweg, über den die Obergeschosse der Kammstruktur ragen. Eine expressive tischartige Stahlbetonkonstruktion über dem weitgehend offenen Erdgeschoss beherbergt Servicefunktionen und ein Café. Die E-förmigen Grundrisse der sechs Obergeschosse werden – bis auf die kurzen Stichflure in den auskragenden Bereichen – mit einem Mittelflur erschlossen. 20 % der Zimmer sind barrierefrei; diese Module sind etwas länger als die Regelmodule. Die Treppenhäuser wurden in Stahlbeton ausgeführt, um die Anforderungen an Brandschutz und Gebäudeaussteifung zu erfüllen. Die Flurbereiche bestehen aus Stahlbetonfertigteilen, an denen die Module zur Abtragung der Horizontalkräfte angehängt sind. Die Installationsstränge verlaufen im Flurbereich.
Das Holzbauunternehmen war bereits sehr früh involviert und wurde nach Optimierung der Holzbauplanung mit der Ausführung beauftragt. In einer Produktionsstraße mit 17 Stationen wurden täglich vier Module fertiggestellt. Mit einem Tieflader konnten immer zwei der 6,30 m × 3,30 m großen Module von Österreich nach Hamburg transportiert werden. Aufgrund der beengten Verhältnisse vor Ort wurden die Module auf Abruf auf die Baustelle geliefert. Pro Tag konnten zwölf Module eingebaut werden, die elementierte Holzfassade wurde nachträglich montiert. Die gesamte Bauzeit vor Ort betrug zehn Monate. Die Holzbauweise in Gebäudeklasse 5 mit sichtbaren Holzoberflächen erforderte Abweichungen von der Bauordnung. Die Tragkonstruktion der Module ist auf Abbrand (REI 90) feuerbeständig dimensioniert.

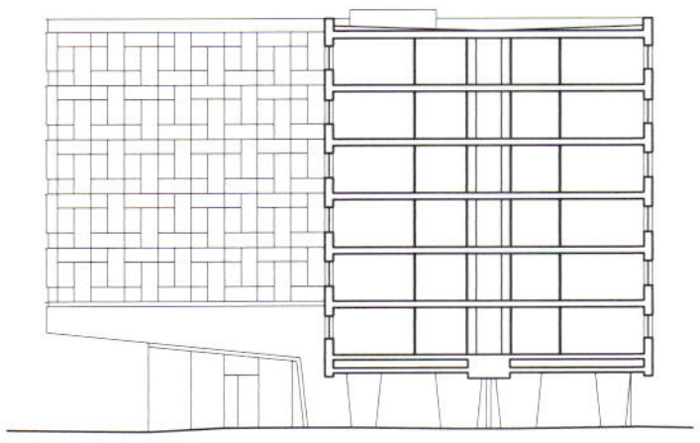

aa

Isometrie
Schnitt • Grundrisse
Maßstab 1:750

1 Haupteingang
2 Café
3 Co-Working Space
4 Fahrradstellplätze
5 Technikraum
6 PKW-Zufahrt
7 Standardapartment
8 barrierefreies Apartment

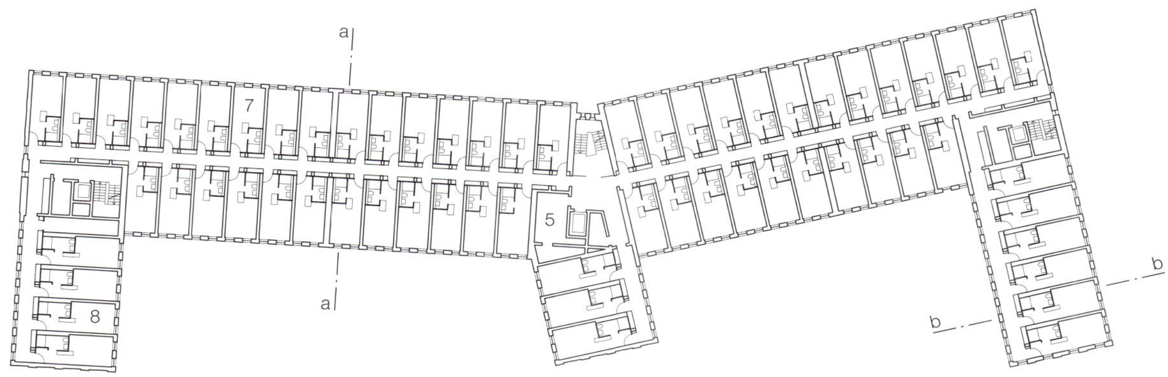

Regelgeschoss

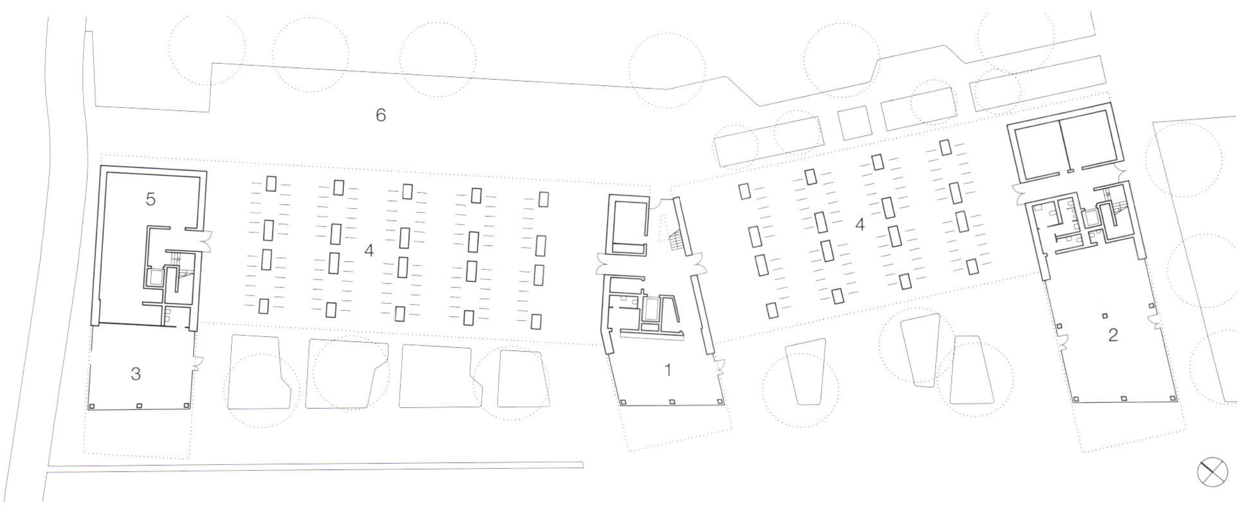

EG

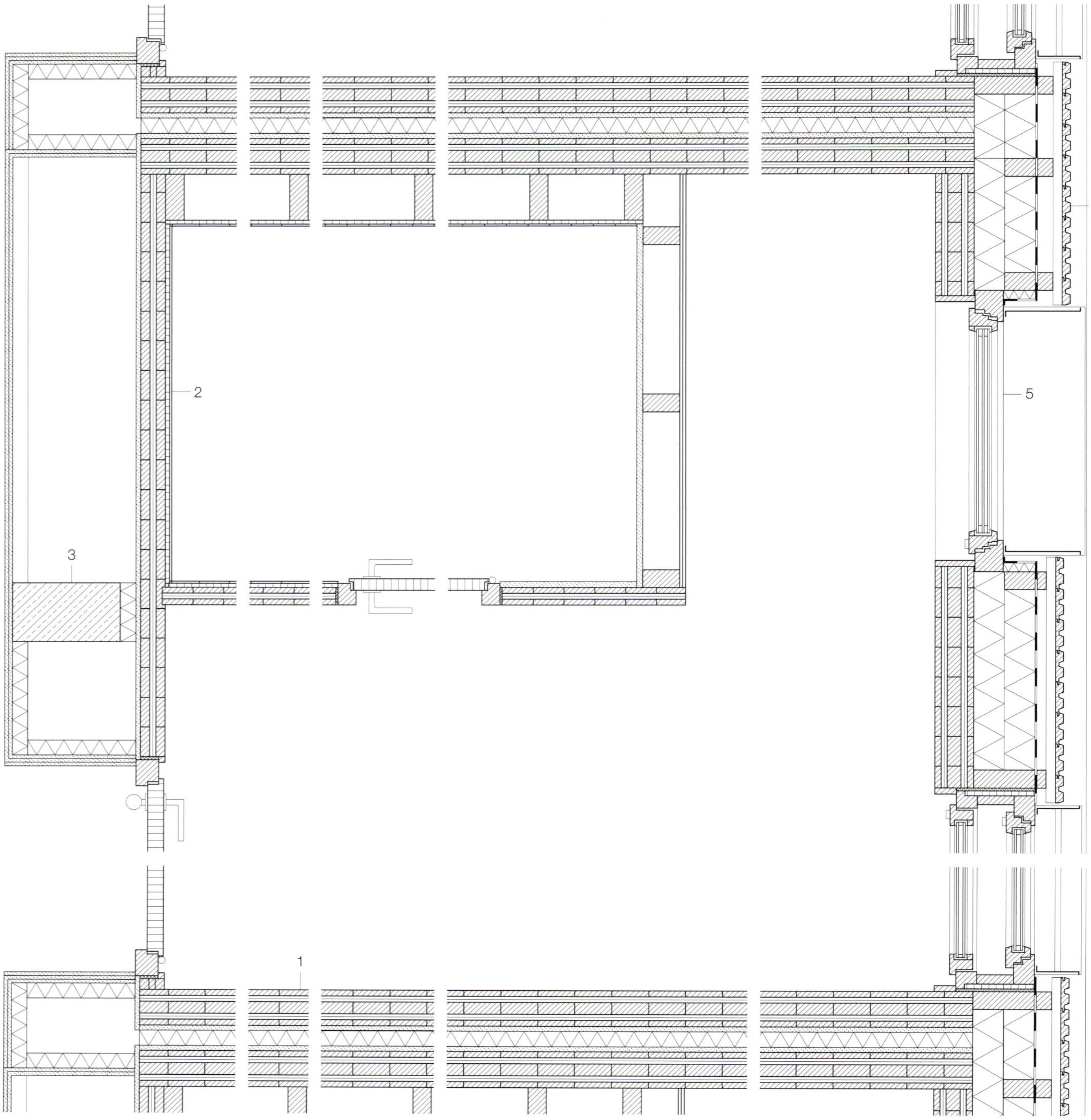

Grundriss Holzmodul Apartment
Maßstab 1:200
Horizontalschnitt Holzmodul Apartment
Vertikalschnitt Flur / Modul
Maßstab 1:20

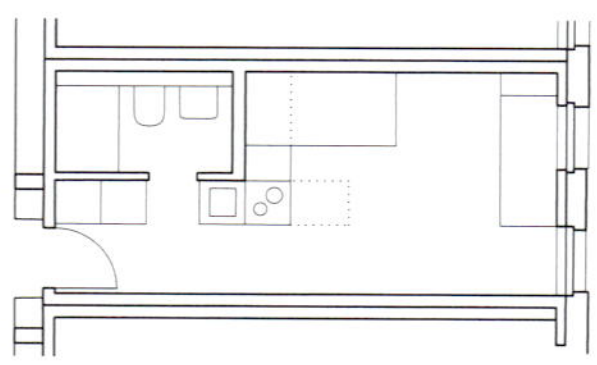

1 Brettsperrholz fünflagig 125 mm
Gipskarton 15 mm
Wärmedämmung Mineralwolle 50 mm
Gipskarton 15 mm
Brettsperrholz fünflagig 125 mm
2 Fliesen 7 mm, Abdichtung
Gipskarton 12,5 mm
Brettsperrholz dreilagig 80 mm
Gipskarton 15 mm
Installationsraum 410 mm
Gipskarton 2× 12,5 mm
3 Fertigteilstütze Stahlbeton 200/350 mm
4 Fassadenpaneel Lärche vorvergraut 26 mm
Lattung / Hinterlüftung 60 mm
Unterspannbahn
Kreuzlattung, dazwischen Wärmedämmung

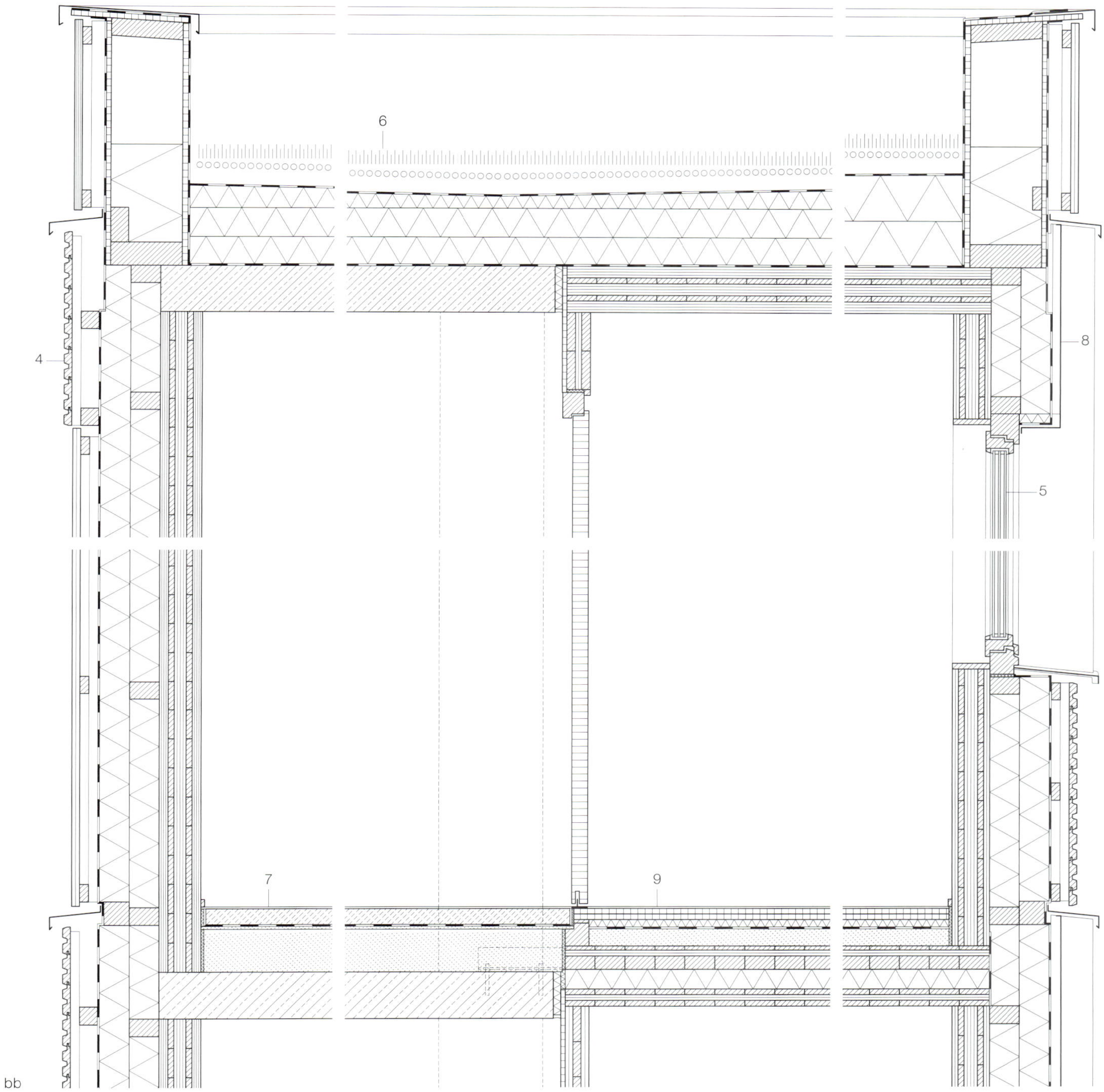

Mineralwolle 200 mm
Brettsperrholz fünflagig 125 mm
5 Holzfenster Red Grandis mit Dreifach-isolierverglasung, Schallschutzglas
6 extensive Begrünung 80 mm
Abdichtung Kunststoffbahn
Gefälledämmung 40–200 mm
Wärmedämmung 200 mm
Notabdichtung Bitumenbahn
Fertigteildecke Stahlbeton 160 mm
7 Naturkautschuk 0,4 mm
Epoxidharzgrundierung
Zementestrich 50 mm
PE-Folie
Lastverteilungsplatte Gips 10 mm
Ausgleichsschüttung für Installationen 115 mm
Fertigteildecke Stahlbeton 160 mm
8 Aluminiumblech pulverbeschichtet 2 mm
Lattung / Hinterlüftung 30 mm
Unterspannbahn
Lattung, dazwischen Wärmedämmung
Mineralwolle 200 mm
Brettsperrholz fünflagig 125 mm
9 Naturkautschuk 0,4 mm
Spanplatte 2× 19 mm
Trittschalldämmung 30 mm
PE-Folie, Splittschüttung 60 mm
Brettsperrholz dreilagig 80 mm
Wärmedämmung Mineralwolle 70 mm
Brettsperrholz dreilagig 60 mm

Seniorenwohnhaus in Hallein (AT)

Architekten:	sps÷architekten Simon Speigner, Thalgau
Mitarbeiter:	Melanie Karbasch (Projektleitung), Dirk Obracay, Sabrina Wallinger, Geraldine Mesko, Waltraud Schernthaner, Barbara Brandstätter, Gaby Mayer, Benjamin Psaltopoulos, Dominik Waggershauser
Tragwerksplaner:	merz kley partner, Dornbirn (Holzbau) BauCon, Zell am See (Massivbau)
Holzbauunternehmen:	Kaufmann Bausysteme, Reuthe
Fertigstellung:	2013

aa

Schnitt • Grundriss
Maßstab 1:750

1 Wohneinheit
2 gemeinschaftlicher Wohnbereich
3 Gemeinschaftsküche
4 Wäscheraum
5 Pflegebad
6 Stützpunkt

Regelgeschoss

Die Architekten konnten bereits 2008 einen Wettbewerb im Wesentlichen aufgrund der vorgeschlagenen städtebaulichen Anordnung für sich entscheiden: Ein L-förmiger Grundriss spielt den Großteil des Grundstücks für eine Parkanlage frei – diese Fläche war zuvor mit dem Vorgängerbau komplett bebaut. Der Wettbewerbsbeitrag sah noch einen Massivbau vor. Die Zeitersparnis durch die vorgefertigte Bauweise und die Zusage, den Raummodulbau kostenneutral umzusetzen, ermöglichte die entsprechende Umplanung zu einem relativ späten Zeitpunkt, als die Genehmigungsplanung für die Massivbauvariante bereits erstellt war. Das Gebäude ist teilunterkellert. Das Erdgeschoss mit den gemeinschaftlichen Nutzungen wurde aus Stahlbeton konventionell errichtet und mit einer flächigen Deckenplatte über dem Erdgeschoss versehen. Für die Treppenhäuser kam ebenfalls Stahlbeton zum Einsatz. Die 136 Zimmer aus Brettsperrholz-Raummodulen sind in vier Obergeschossen organisiert. Die Module wurden mit komplettem Innenausbau vorgefertigt, die Haustechnik verläuft im Flur in bauseitig gefertigten Installationsschächten. So konnten die Module von der Montage bis zur Fertigstellung verschlossen bleiben. Zwischen Moduldecke und darüberliegenden Modulboden geschobene, ausgedämmte Holzrahmen bilden die Unterkonstruktion für die Putzbalkone, die die Fassade plastisch erscheinen lassen. Die Kupferbekleidung ist, wie der Sonnenschutz, nachträglich vor Ort montiert. Die Vorfertigung der Module erfolgte innerhalb von 2,5 Monaten in einer eigens für das Projekt angemieteten Halle. Sie wurden nachts transportiert. Jeweils 10 bis 12 Einheiten konnten täglich montiert werden. So benötigte man für die Montage der Raummodule nur wenige Wochen, die Gesamtbauzeit inklusive des Abbruchs des Vorgängerbaus betrug etwas über 1,5 Jahre.

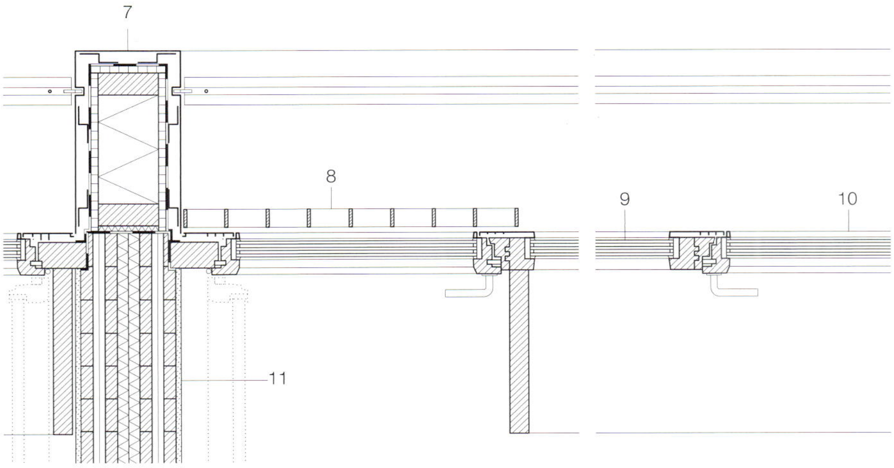

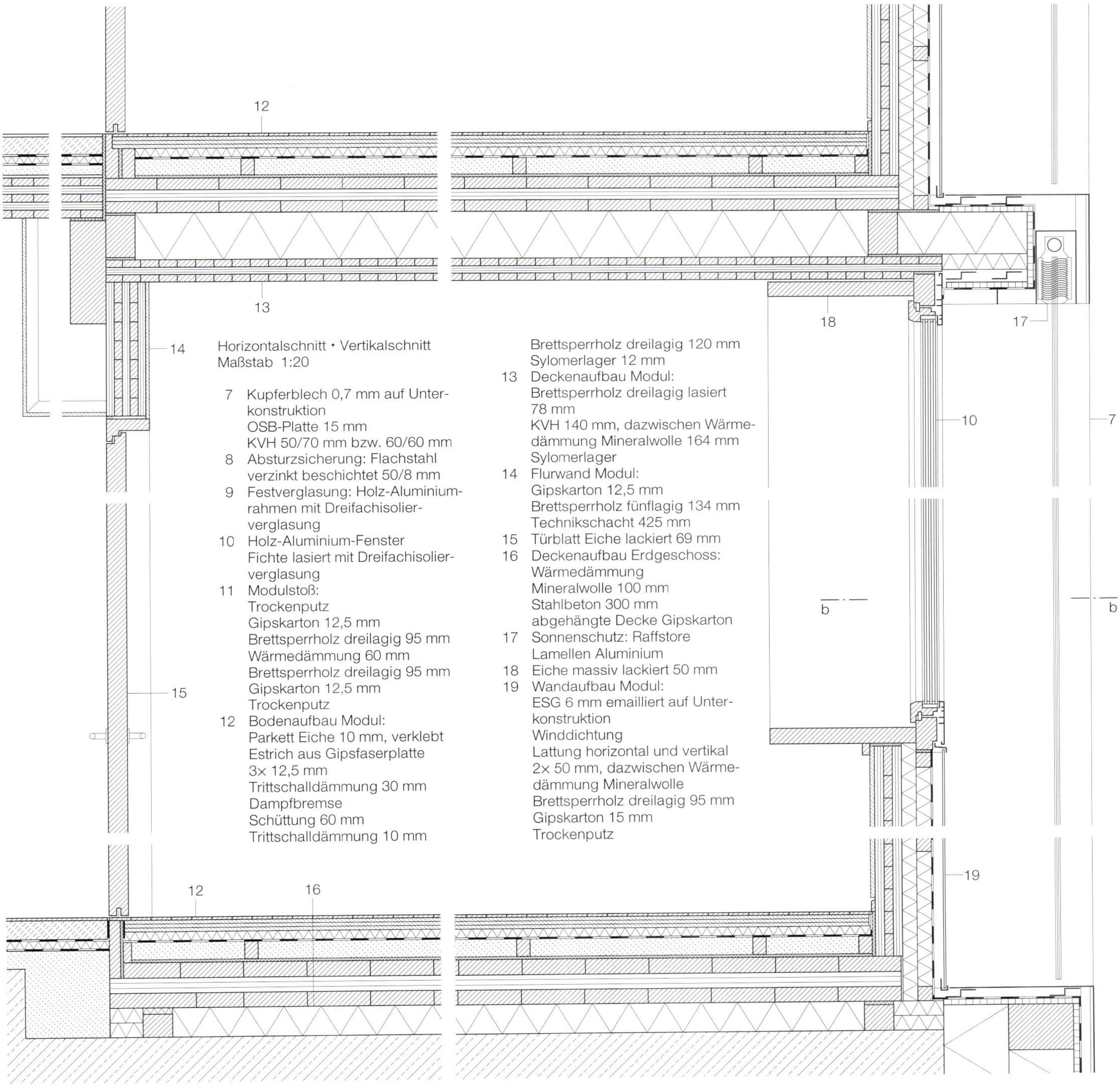

Horizontalschnitt • Vertikalschnitt
Maßstab 1:20

7 Kupferblech 0,7 mm auf Unterkonstruktion
OSB-Platte 15 mm
KVH 50/70 mm bzw. 60/60 mm
8 Absturzsicherung: Flachstahl verzinkt beschichtet 50/8 mm
9 Festverglasung: Holz-Aluminiumrahmen mit Dreifachisolierverglasung
10 Holz-Aluminium-Fenster
Fichte lasiert mit Dreifachisolierverglasung
11 Modulstoß:
Trockenputz
Gipskarton 12,5 mm
Brettsperrholz dreilagig 95 mm
Wärmedämmung 60 mm
Brettsperrholz dreilagig 95 mm
Gipskarton 12,5 mm
Trockenputz
12 Bodenaufbau Modul:
Parkett Eiche 10 mm, verklebt
Estrich aus Gipsfaserplatte 3× 12,5 mm
Trittschalldämmung 30 mm
Dampfbremse
Schüttung 60 mm
Trittschalldämmung 10 mm
Brettsperrholz dreilagig 120 mm
Sylomerlager 12 mm
13 Deckenaufbau Modul:
Brettsperrholz dreilagig lasiert 78 mm
KVH 140 mm, dazwischen Wärmedämmung Mineralwolle 164 mm
Sylomerlager
14 Flurwand Modul:
Gipskarton 12,5 mm
Brettsperrholz fünflagig 134 mm
Technikschacht 425 mm
15 Türblatt Eiche lackiert 69 mm
16 Deckenaufbau Erdgeschoss:
Wärmedämmung
Mineralwolle 100 mm
Stahlbeton 300 mm
abgehängte Decke Gipskarton
17 Sonnenschutz: Raffstore
Lamellen Aluminium
18 Eiche massiv lackiert 50 mm
19 Wandaufbau Modul:
ESG 6 mm emailliert auf Unterkonstruktion
Winddichtung
Lattung horizontal und vertikal 2× 50 mm, dazwischen Wärmedämmung Mineralwolle
Brettsperrholz dreilagig 95 mm
Gipskarton 15 mm
Trockenputz

Wohnanlage Puukuokka in Jyväskylä (FI)

Architekten:	OOPEAA, Helsinki
Mitarbeiter:	Anssi Lassila (Projektleitung) Jussi-Pekka Vesala, Iida Hedberg, Juha Pakkala
Tragwerksplaner:	SWECO, Helsinki (Holzbau) Heikki Löytty, Lauri Lepikonmäki
Holzbauunternehmen:	Stora Enso, Helsinki (Module)
Fertigstellung:	2015 (Haus 1), 2017 (Haus 2), 2018 (Haus 3)

Mit dem ersten achtstöckigen Wohngebäude in Holzbauweise in Finnland sollten als Pilotprojekt der Stadtplanungsbehörde ökologisch hochwertige und zugleich kostengünstige Wohnungen geschaffen werden: Die Mieter leisten eine moderate Anzahlung und werden nach 20 Jahren zu Eigentümern ihrer Wohnungen.

Das Projekt zeichnet sich durch einen innovativen Einsatz von Raummodulen aus: In jeder Wohnung ist die fassadenseitige Raumschicht mit Schlafzimmer, Wohnzimmer und Loggia in einem Raummodul zusammengefasst, ein zweites Modul nimmt die innenliegende Zone mit Bädern, Küchen und Nebenräumen auf. Installationen sind in die Flurwände integriert. So ist eine unabhängige Wartung möglich.

Der erste Bauabschnitt konnte in nur neun Monaten Bauzeit realisiert werden. Das stellt unter den finnischen Klimabedingungen einen essenziellen Vorteil dar. Die Raummodule wurden mit fertigem Innenausbau und dem Außenwandaufbau inklusive der Winddichtung angeliefert. Die in Elementen vorgefertigte Holzbekleidung wurde nachträglich montiert. Hinter der sehr plastischen Fassade ist der Raummodulbau kaum ablesbar. Die straßenseitigen Fassaden aus Fichtenholz sind schwarz gestrichen. Die Westseite, die zu einem kleinen Wäldchen auf dem knapp bemessenem Grundstück orientiert ist, besteht aus unbehandelter Lärche. Auf dieser Seite wechseln aus der Fassade heraustretende Balkone mit verglasten Loggien ab und erweitern die Wohnzimmer der kleineren Wohnungen. Das Gebäude ist mit einer Sprinkleranlage ausgestattet. Die Wände der Wohnungen und Treppenhäuser sind mit Gipskarton bekleidet; die Holzoberfläche ist an den Decken der Wohnungen sichtbar belassen, ebenso als Fußbodenbelag in den weiß gestalteten Treppenhäusern.

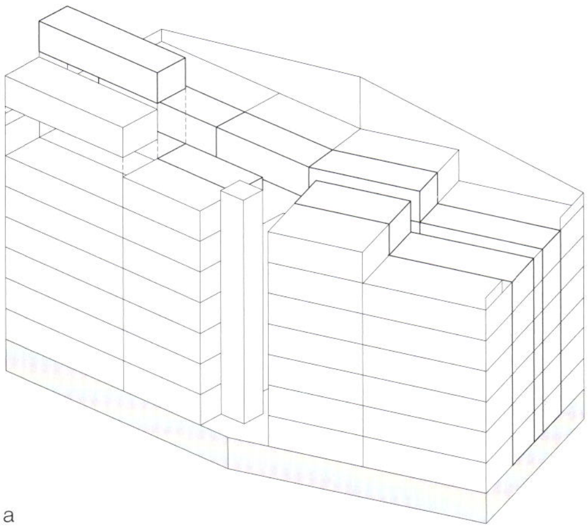

a

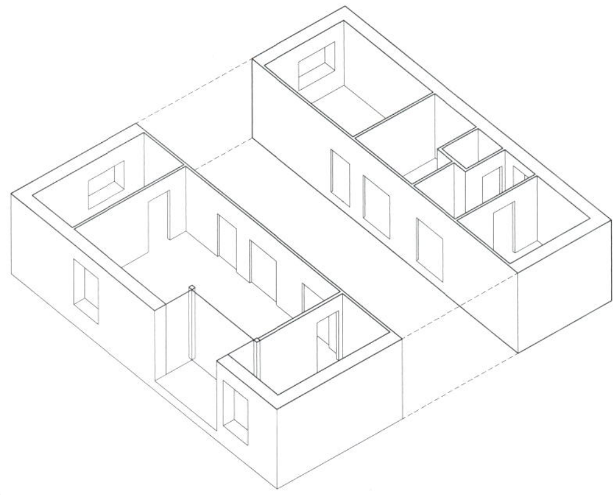

b

Lageplan
Maßstab 1:2500

a Gebäudestruktur Raummodule
b Wohnung aus zwei zusammengefügten Raummodulen

Schnitt • Grundrisse
Maßstab 1:500

1 Eingang
2 Erschließung
3 Luftraum
4 Wohnen
5 Küche
6 Bad
7 Zimmer
8 Loggia

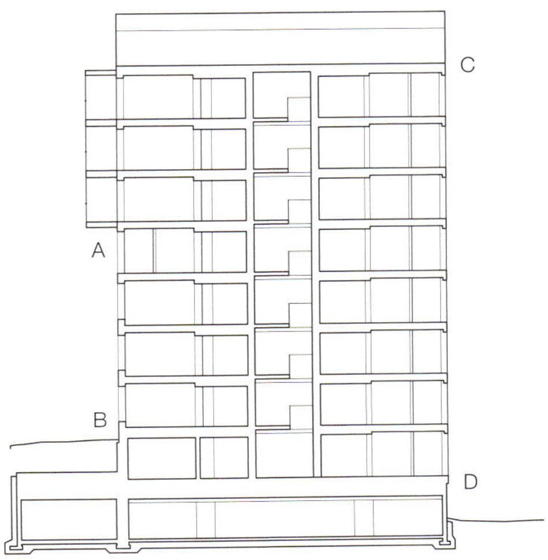

aa

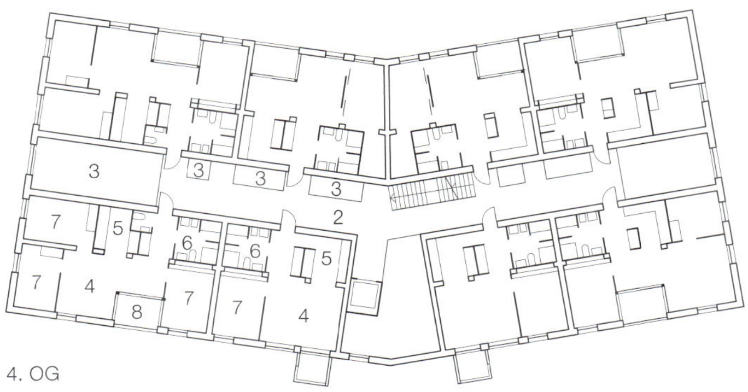

4. OG

EG

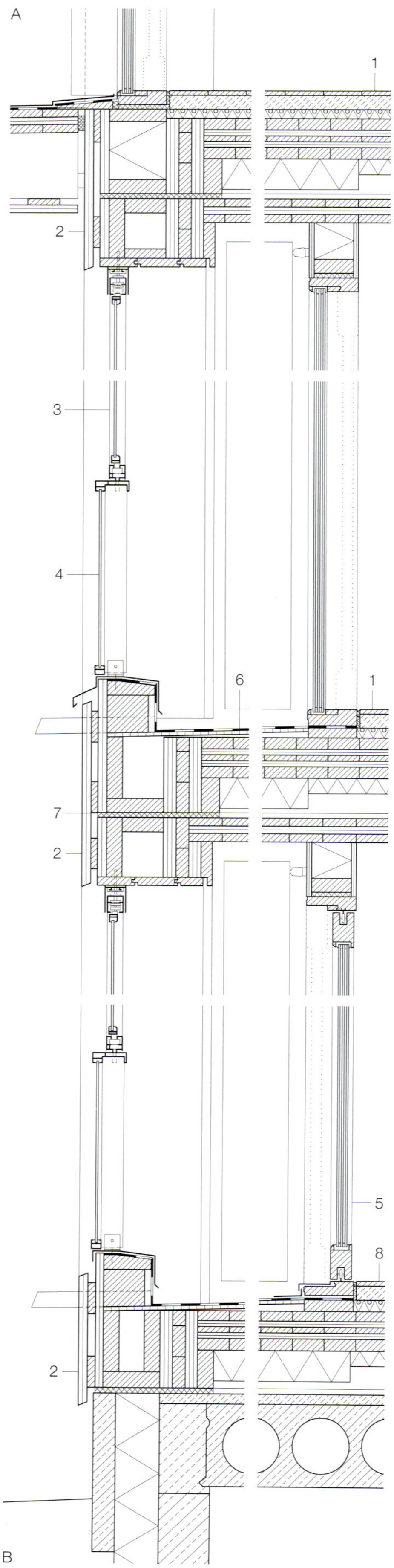

Vertikalschnitte
Maßstab 1:20

1 Bodenaufbau Regelgeschoss:
Bodenbelag Parkett Eiche 15 mm
Estrich 40 mm
Trittschalldämmung mit Fußbodenheizung 30 mm
Brettsperrholz fünflagig 140 mm
Hohlraumdämmung Glaswolle 50 mm
Luftraum 77 mm
Brettsperrholz dreilagig 80 mm
2 Wandaufbau:
Holzschalung Fichte gestrichen bzw. Lärche unbehandelt 28 mm
Lattung 125/28 mm / Hinterlüftung
Brettsperrholz dreilagig 100 mm
3 Aluminium-Schiebefenster
4 Brüstungselement Aluminiumrahmen mit Glasfüllung
5 Holz-Schiebefenster mit Dreifachisolierverglasung, schwellenlos
6 Bodenaufbau Loggia:
Abdichtung, Sperrholzplatte im Gefälle
Keillattung
Brettsperrholz fünflagig 140 mm
Hohlraumdämmung Glaswolle 50 mm
Brettsperrholz dreilagig 80 mm
7 Abdichtung Fuge Modulstoß
8 Bodenaufbau EG über Keller:
Bodenbelag Parkett Eiche 15 mm
Estrich 40 mm
Trittschalldämmung mit Fußbodenheizung 30 mm
Brettsperrholz fünflagig 140 mm
Hohlraumdämmung 100/50 mm
Luftraum
Hohldielendecke Beton vorgefertigt
9 Wärmedämmung 450 mm
Brettsperrholz dreilagig 80 mm
10 Bodenaufbau EG über Tiefgarage:
Bodenbelag Parkett Eiche 15 mm
Estrich 40 mm
Trittschalldämmung mit Fußbodenheizung 30 mm
Brettsperrholz fünflagig 140 mm
Hohlraumdämmung 100/50 mm, Luftraum
Stahlbetondecke 800 mm

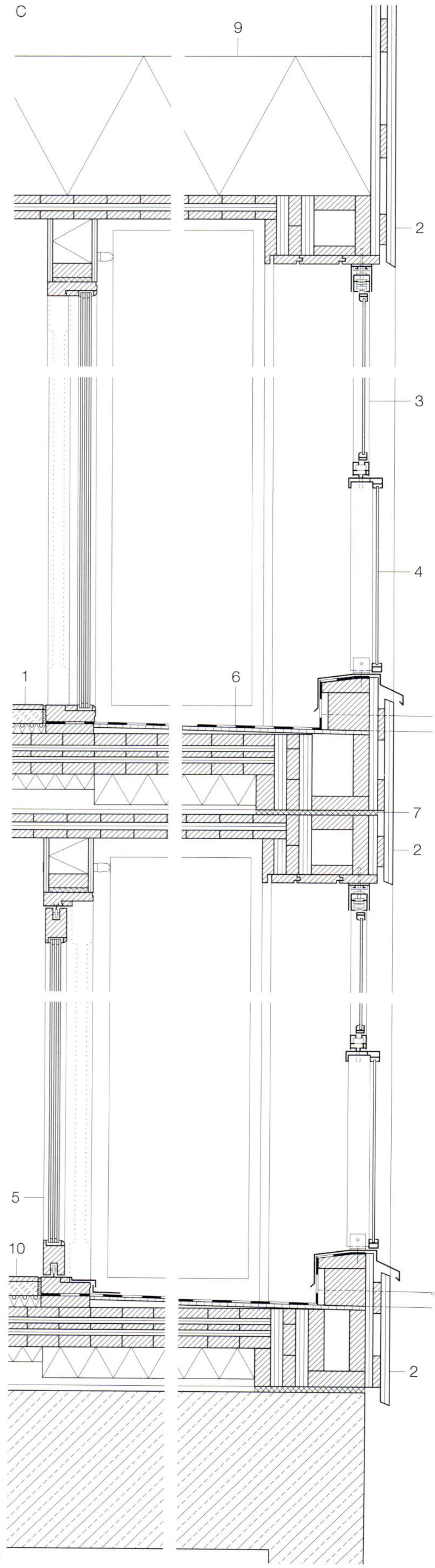

Wohnanlage in Toulouse (FR)

Architekten:	PPA architectures, Toulouse Guillaume Pujol (Projektleitung), Alonso Marquez Medina
Tragwerksplaner / Holzbauunternehmen:	Pyrénées Charpentes, Agos-Vidalos
Fertigstellung:	2015

Im Norden von Toulouse entstanden an der Place des Papyrus 50 Apartments, die kostengünstigen Wohnraum bieten und die Integration sozial Benachteiligter fördern sollten. Durch einfaches Drehen von Modulgruppen wurde ein geschickt auf das sehr knapp bemessene Grundstück reagierender, interessant gestaffelter Baukörper erzeugt. Durch den Verzicht von vier Modulen im Erdgeschoss entstand ein großzügiger Eingangsbereich. Die Erschließung ist so interessant wie effektiv: Eine knapp dimensionierte Wendeltreppe in Stahlbeton und ein Aufzug sind an den mehrfach geknickten Flur angeschlossen, der zum Teil über die Außenfassade belichtet wird. Zwei Modulgrößen von je 3,50 m Breite und 6,55 m bzw. 7,275 m Länge bilden die Apartments. Neben dem Aufzug ist je ein Apartment mit einem Sondermodul erweitert. Die auf Einzelfundamenten gelagerten Module werden über Stahlplatten mit aufgeschweißten Stiften miteinander verbunden. Während die Wände mit einer Vorsatzschale aus Gipskarton bekleidet sind, bleiben die weiß lasierten Brettsperrholzdecken sichtbar. In den obersten Modulen sind sie im Gefälle des Flachdachs montiert, sodass vor Ort eine gleichmäßig dicke Dämmschicht aufgebracht werden konnte. Die stirnseitigen Fassaden wurden mit Verglasung sowie Schiebeläden aus grau beschichtetem Aluminiumblech vorgefertigt. Die Montage der Raummodule erfolgte nach Fertigstellung des Treppenturms abschnittsweise in den Modulgruppen jeweils über alle vier Geschosse innerhalb von zehn Tagen. Für die Fertigstellung waren nochmals etwa 1,5 Monate nötig. Die Wärmedämmschicht wurde in gebäudehohen Holzrahmenelementen vorgefertigt und montiert, das Aluminiumwellblech nachträglich aufgebracht. Der Modulbau erforderte kein Gerüst, alle Arbeiten erfolgten von fahrbaren Hubsteigern aus.

Grundrisse Module
Maßstab 1:200

Schnitt • Grundriss Regelgeschoss
Maßstab 1:400

1 Apartment 20 m²
2 Apartment 24 m²
3 Apartment 32 m²

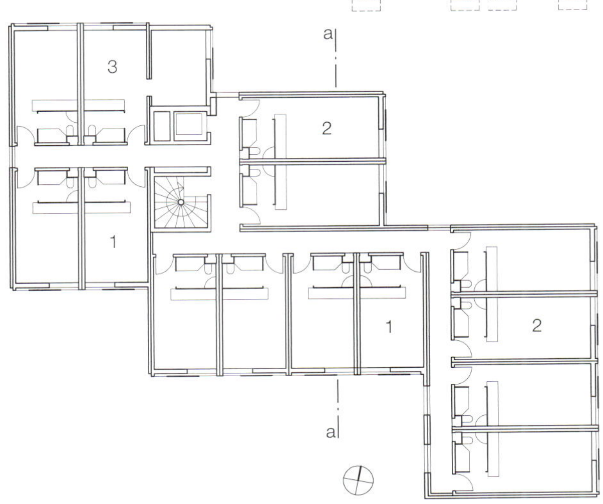

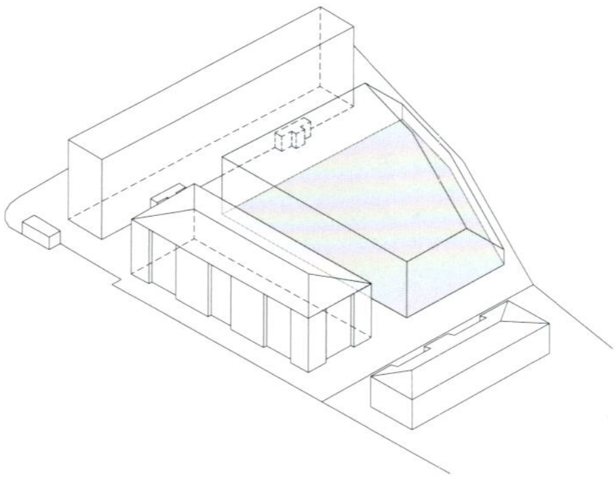

a

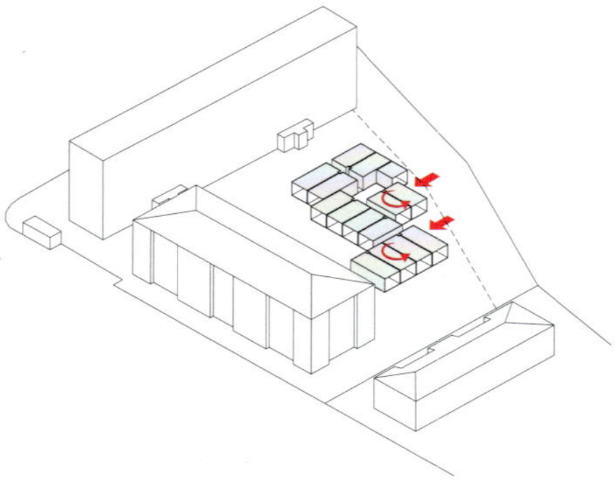

b

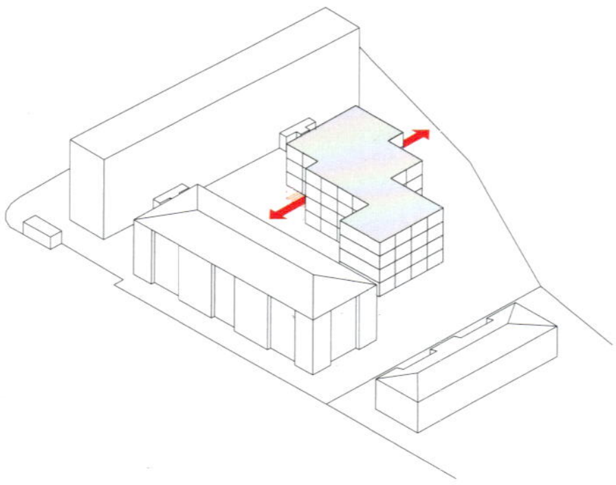

c

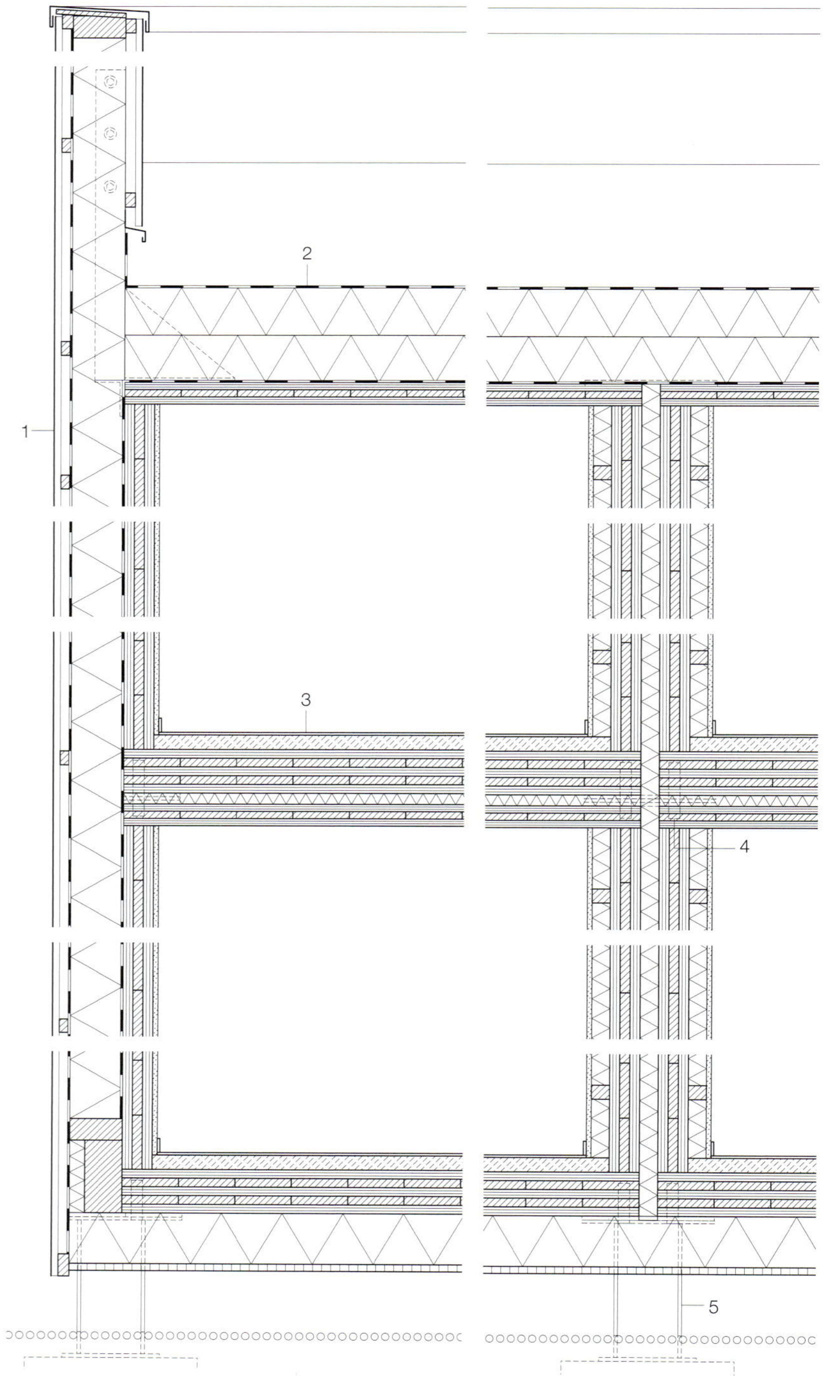

Axonometrien modulares Konzept:
a bebaubarer Raum auf dem Grundstück
b Verschieben und Drehen der Module
c Stapeln der Module und Aussparen von Modulen für den Eingangsbereich

Vertikalschnitt
Horizontalschnitt
Maßstab 1:20

1 Wellblech Aluminium 0,8 mm
Lattung horizontal 25/38 mm
Windpapier diffusionsoffen
Wärmedämmung Mineralwolle 140 mm
Dampfsperre
Brettsperrholz dreilagig 80 mm
Gipskarton gestrichen 12,5 mm
2 Abdichtung Bitumenbahn zweilagig
Wärmedämmung Mineralwolle 260 mm
Dampfsperre
Brettsperrholz dreilagig, lasiert 60 mm
teilweise im Gefälle
3 PVC-Fliesen geklebt 6 mm
Betonestrich 40 mm
Brettsperrholz fünflagig 120 mm
Wärmedämmung Mineralwolle 30 mm
Brettsperrholz dreilagig, lasiert 60 mm
4 Verbindungselement Flachstahl 10 mm mit Passstiften Stahl ∅ 30 mm geschweißt

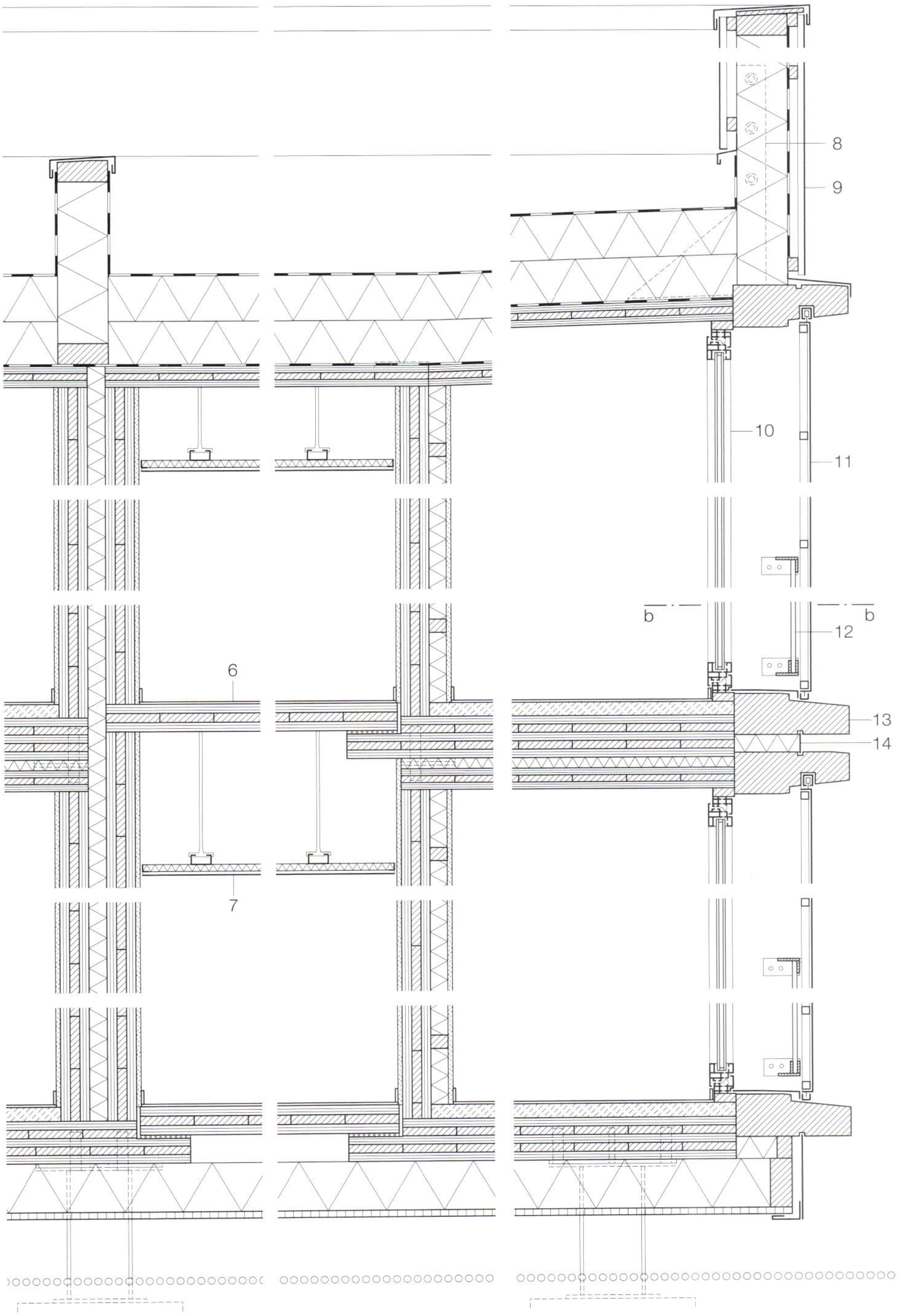

5 Auflager Stahlprofil HEA 180
6 PVC-Fliesen geklebt 6 mm
Brettsperrholz dreilagig 80 mm
7 abgehängte Decke:
Aluminiumelemente perforiert,
akustisch bedämpft
8 Stahlrohr ▱ 80/60 mm mit
Aussteifungsschwert Flachstahl
geschweißt 8 mm
9 Wellblech Aluminium 0,8 mm
10 Fenstertür Aluminiumrahmen mit
Isolierverglasung
11 Schiebeladen Aluminiumblech grau
beschichtet 1,5 mm,
geschraubt auf Unterkonstruktion
Stahlrohr ⍁ 20/20 mm
12 Absturzsicherung: Stahlrahmen mit
PMMA gefärbt 8 mm
13 Rahmen aus Kantholz profiliert
120/320 mm
14 Aluminium-Verbundplatte 5 mm

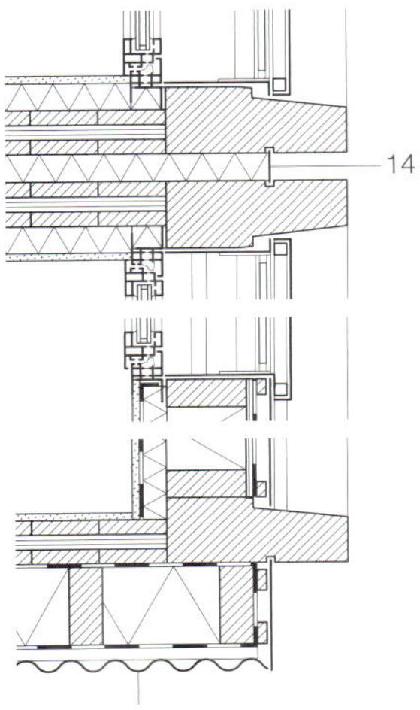

bb

Wohnanlage »Wohnen 500« in Mäder (AT)

Architekten:	Johannes Kaufmann Architektur, Dornbirn / Wien
Mitarbeiter:	Isabelle Groll (Projektleitung)
Tragwerksplaner:	merz kley partner, Dornbirn
Holzbauunternehmen:	Kaufmann Bausysteme, Reuthe
Fertigstellung:	2016

Für eine gemeinnützige Vorarlberger Wohnungsbaugesellschaft ist es gelungen, kostengünstigen mit ökologisch hochwertigem und gut gestaltetem Wohnungsbau zu vereinen. Der Entwurf ist eine Variante aus einem differenzierten Raummodulbau-Katalog der Architekten. Der Name »Wohnen 500« bezieht sich auf die Warmmiete (in Euro) für eine 65 m² große Wohnung. Neben der modularen Bauweise ermöglichte auch eine Reduktion auf das Wesentliche eine Verringerung der Baukosten. So wird auf Keller und Aufzug verzichtet. Der kompakte Baukörper beeinflusst auch den Energieverbrauch; der Heizwärmebedarf beträgt nur 34 kWh/m² im Jahr. Aus je drei parallel angeordneten Modulen wurde eine Wohnung zusammengesetzt, je vier L-förmige Wohnungen formen den annähernd quadratischen Gesamtgrundriss (siehe auch Abb. 8b, Seite 18). Im Erdgeschoss befinden sich anstelle zweier Wohnungen der Eingangsbereich sowie die Haustechnik- und Abstellräume. Die Module selbst übernehmen die Gebäudeaussteifung. Die Stahlbetonfertigteile der Treppenläufe und Decken liegen linear auf einer Brettperrholzschale auf. Ihr zu den Wonungen hin doppelschaliger Wandaufbau sichert gute Schallschutzwerte. Flurseitig sind die Installationsschächte angeordnet und in Trockenbauweise REI 60 geschlossen. Die Brettsperrholzplatten der Wohnungstrennwände wurden aus Schallschutzgründen am Modulstoß mit Gipskartonplatten beplankt. Raumseitig ist das Holz sichtbar und weiß lasiert.
Die Modulwände sind auf Abbrand feuerhemmend REI 30 bemessen. Die vertikale, naturbelassene Bretterschalung der Fassade ist nachträglich montiert. Die Bretter laufen dabei über eineinhalb Geschosse durch und erzeugen ein von den Modulstößen unabhängiges Fassadenbild. Das Gebäudekonzept wurde in der Region bereits mehrfach eingesetzt.

Schnitt • Grundriss Obergeschoss
Maßstab 1:200

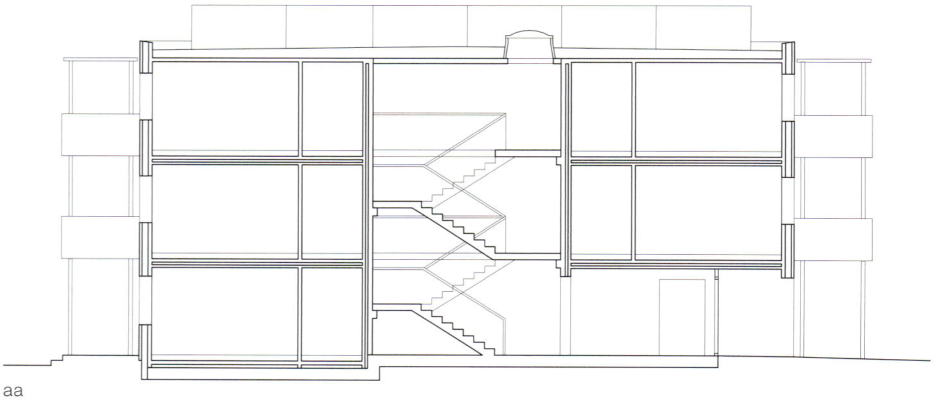

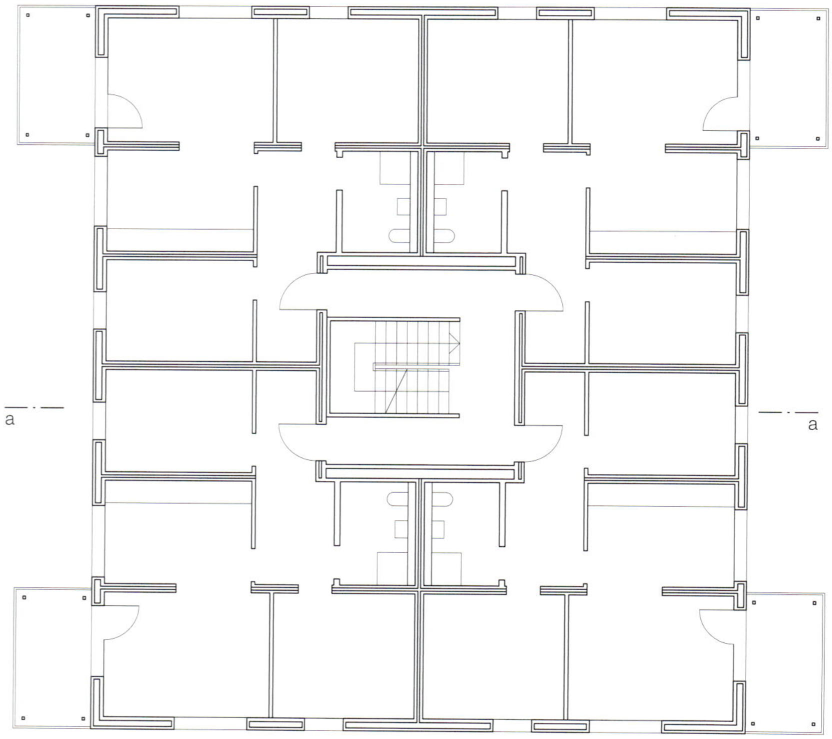

Horizontalschnitte:
Modul Wohnungstrennwand
Modul Innenwand
Vertikalschnitt
Maßstab 1:20

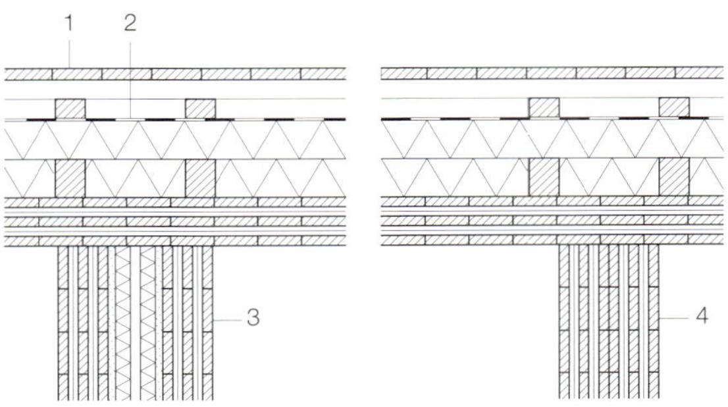

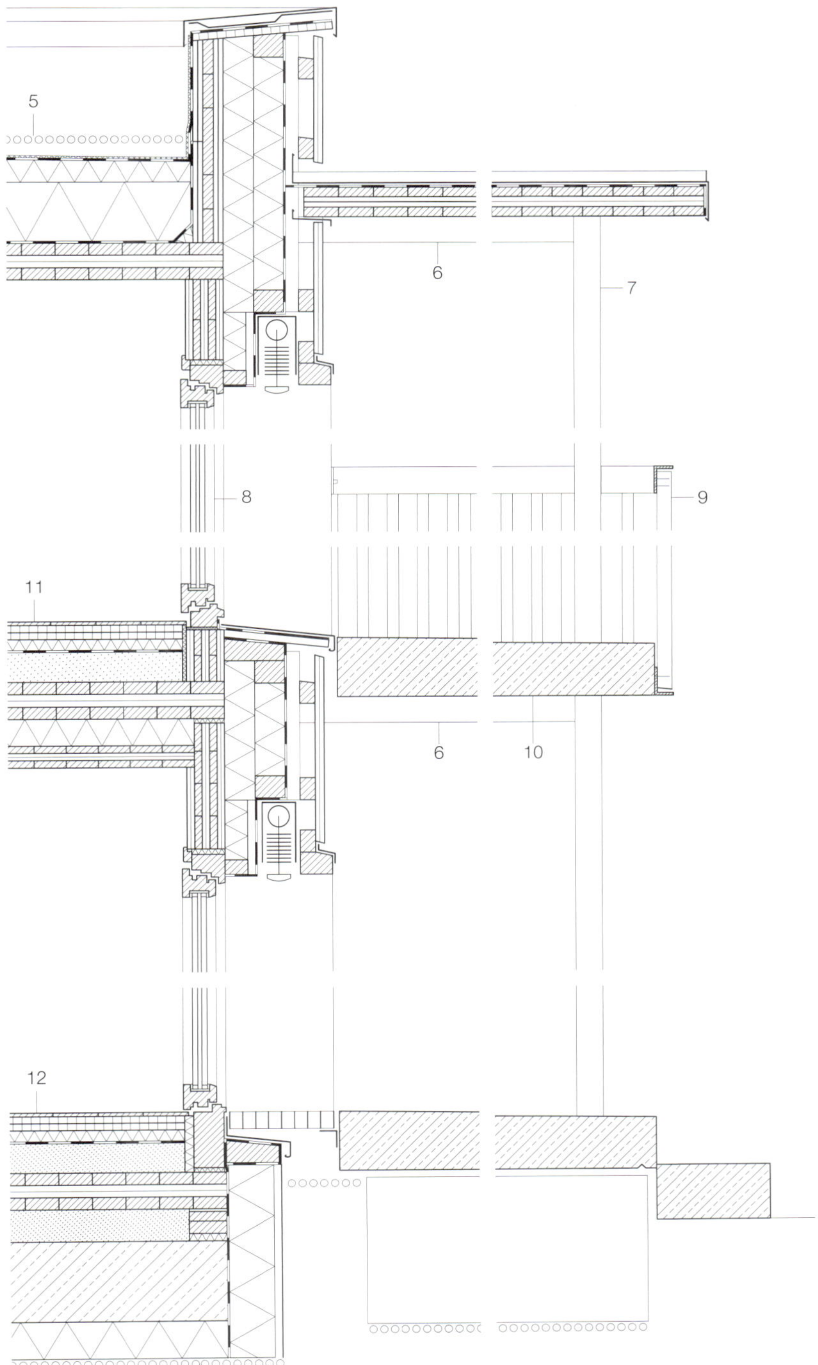

1 Fassadenbekleidung:
Wechselfalzschalung Weißtanne sägerau 24 mm
Lattung horizontal 40/60 mm
Lattung vertikal 40/60 mm / Hinterlüftung
2 Wandaufbau Modul:
Windpapier
KVH horizontal 60/80 mm, dazw. Dämmung Mineralwolle
KVH vertikal 60/80 mm, dazw. Dämmung Mineralwolle
Brettsperrholz fünflagig 100 mm, raumseitig weiß pigmentiert, Stöße verklebt als Dampfbremse
3 Modulstoß Wohnungstrennwand:
Brettsperrholz fünflagig 100 mm, weiß pigmentiert
Gipskarton 15 mm
Dämmung 30 mm
Luftschicht 20 mm
Dämmung 30 mm
Gipskarton 15 mm
Brettsperrholz fünflagig 100 mm, weiß pigmentiert
4 Modulstoß Innenwand:
2× Brettsperrholz fünflagig 100 mm weiß pigmentiert
5 Dachaufbau:
Kies 60 mm, Schutzvlies, Folienabdichtung 1,8 mm
Dämmung Steinwolle 40–160 mm Gefälle 2 %
Dämmung Steinwolle 160 mm
Aluminium Bitumenschweißbahn
Brettsperrholz dreilagig 100 mm
6 Träger Stahlprofil verzinkt 100/60/6,3 mm
7 Stütze Stahlprofil verzinkt 70/70/4 mm
8 Holzfenster grau lackiert mit Dreifachverglasung
9 Absturzsicherung: Lattung Weißtanne 40/50 mm auf Stahlwinkel verzinkt 75/50/6 mm
10 Betonfertigteil 140–160 mm, Gefälle 20 mm
11 Bodenaufbau OG:
Parkett Eiche 10 mm
Spanplatte 2× 19 mm
Trittschalldämmung 30 mm, PE-Folie
Splittschüttung 80 mm
Brettsperrholz dreilagig 100 mm
Dämmung Mineralwolle 72 mm
Brettsperrholz dreilagig 60 mm
12 Bodenaufbau EG:
Parkett Eiche 10 mm
Spanplatte 2× 19 mm
Trittschalldämmung 30 mm, PE-Folie
Splittschüttung 80 mm
Brettsperrholz dreilagig10 mm
Luftraum 92 mm
Abdichtung Bitumenbahn
Fundamentplatte Stahlbeton 220 mm
Perimeterdämmung 100 mm

Flüchtlingsunterkunft in Hannover (DE)

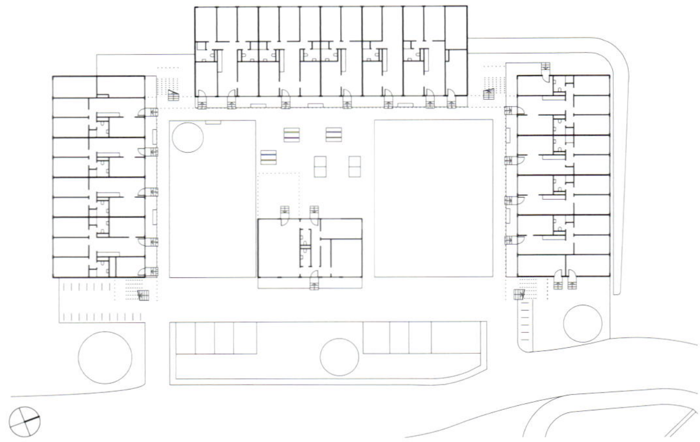

Architekten:	MOSAIK architekten, Hannover
Tragwerksplaner:	Drewes + Speth, Hannover (Entwurf) merz kley partner, Dornbirn (Holzbau)
Holzbauunternehmen:	Kaufmann Bausysteme, Reuthe
Fertigstellung:	2015

Im Zusammenhang mit dem erhöhten Wohnbedarf für Flüchtlinge im Jahr 2015 wurde das Architekturbüro mit der Planung und kurzfristigen Umsetzung von insgesamt drei temporären Unterbringungen im Raum Hannover beauftragt. Im Stadtteil Linden-Nord entstanden in drei zweigeschossigen Wohnzeilen insgesamt 96 Zimmer, organisiert in 3- und 5-Zimmer-Wohngemeinschaften. Die Wohnungen sind aus zwei oder drei Modulen mit 2,70 × 12 m Grundfläche zusammengesetzt. Die zentralen Wohnküchen dienen als Eingang, Aufenthaltsraum und Verteilerzone. Das an die Wohnküche angrenzende Zimmer ist mit einer zweiflügeligen Tür ausgestattet, sodass – bei einer möglichen Nachnutzung – dieser Individualraum in ein Wohnzimmer umgewandelt werden kann.
Den Mittelpunkt der Anlage bildet ein ebenfalls zweigeschossiger, in Raummodulbauweise errichteter Gemeinschafts- und Verwaltungsbau. Der Rohbau der Module ist aus Brettsperrholz. Lediglich der Boden der unteren Module besteht aus einer zwischengedämmten Balkenlage, um Aufbauhöhe zu sparen. Die Module tragen die Lasten auf Streifenfundamenten ab und sind unten hinterlüftet. Als Kleintierschutz der Hinterlüftungsöffnungen am Sockel dienen einfache Gitterroste. Laubengänge aus Stahlbetonfertigteilen auf Stahlstützen erschließen das Obergeschoss. Sie sind statisch unabhängig vor die Modulkonstruktion gestellt und nur zur Fixierung mit den Modulen verschraubt. Die Entwässerung des Warmdachs wird an den Tiefpunkten durch Dachrandabläufe und außenliegende Fallrohre gesichert.
Das Brettsperrholz bleibt in den Wohnungen sichtbar. Die Stirnfassaden wurden inklusive der farbigen Glaspaneele vorgefertigt. Die Projektlaufzeit betrug ab der Beauftragung der Architekten bis zur Fertigstellung zehn Monate.

Anordnung Module
Maßstab 1:1000

Schnitt • Grundrisse Erdgeschoss
Maßstab 1:200

1 Eingang
2 Zimmer
3 Bad
4 Küche

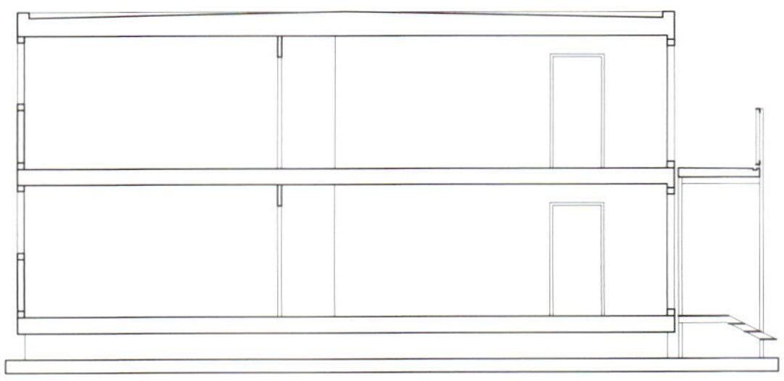

aa

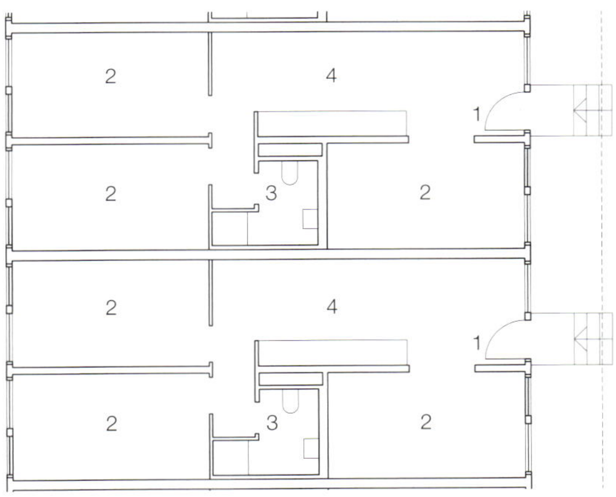

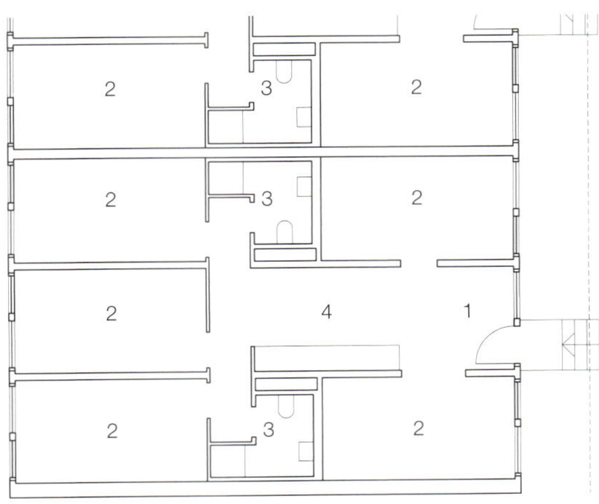

a

a

Horizontalschnitt • Vertikalschnitt
Maßstab 1:20

1 Dachaufbau:
extensives Gründach
Abdichtung
Gefälledämmung 40–155,8 mm
Wärmedämmung 160 mm
Dampfbremse Bitumen aluminiumkaschiert
Brettsperrholz dreilagig,
transparent lasiert 60 mm
2 Dreischichtplatte Fichte lasiert,
vorvergraut 20 mm
Hinterlüftung 30 mm
Windpapier UV-beständig
KVH 78 mm, dazwischen Wärmedämmung
BSH 78 mm
3 Holzfenster mit Isolierverglasung
4 Paneel ESG 6 mm
Wärmedämmung Steinwolle 54 mm
Dampfbremse
Sperrholzplatte weiß lackiert 15 mm
5 Bodenaufbau OG:
Linoleum 4 mm
Spanplatte 2× 16 mm
Trittschalldämmung 30 mm
Feinsteinzeug 15 mm
Brettsperrholz dreilagig 70 mm
Wärmedämmung 79 mm
Brettsperrholz dreilagig,
transparent lasiert 60 mm
6 Bodenaufbau EG:
Linoleum 4 mm
Spanplatte 2× 16 mm
Trittschalldämmung 30 mm
OSB-Platte 22 mm verklebt
Wärmedämmung 200 mm
Dreischichtplatte 20 mm
Dachpappe
Betonfertigteil Fundamentriegel 350/450 mm
Betonfertigteil Einzelfundament
1250/1250/250 mm
7 Türblatt:
Paneel ESG 6 mm
Wärmedämmung Steinwolle 54 mm
Dampfbremse
Sperholzplatte weiß lackiert 15 mm
8 Laubengang: Stahlbetonfertigteil 130 mm
9 Absturzsicherung: Flachstahl 55/8 mm
10 Stütze Laubengang: Stahlrohr beschichtet
70/70/6,3 mm
11 Modulstoß Wohnungstrennwand:
Brettsperrholz dreilagig,
transparent lasiert 80 mm
Gipskarton 15 mm
Wärmedämmung 2× 20 mm
Gipskarton 15 mm
Brettsperrholz dreilagig,
transparent lasiert 80 mm

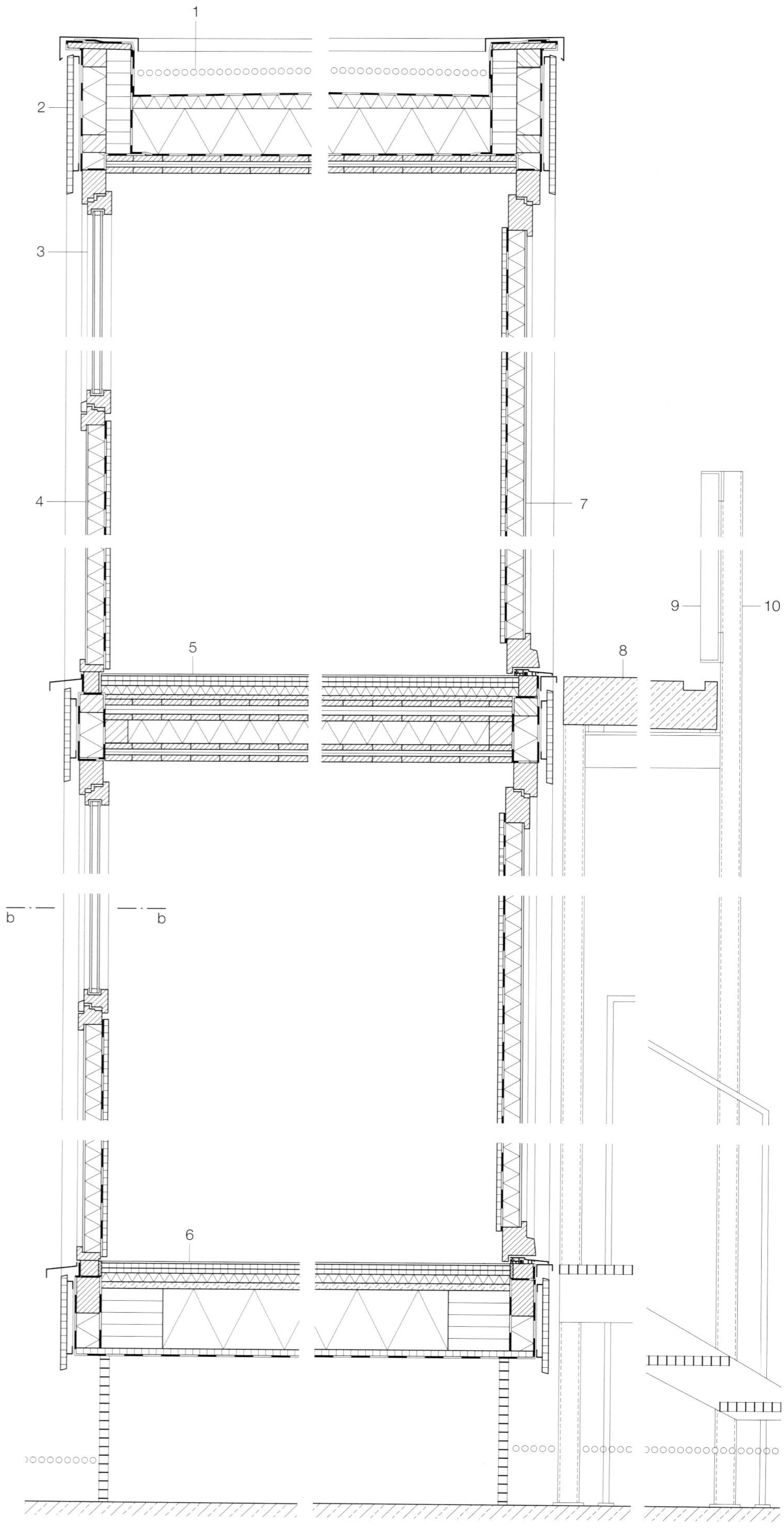

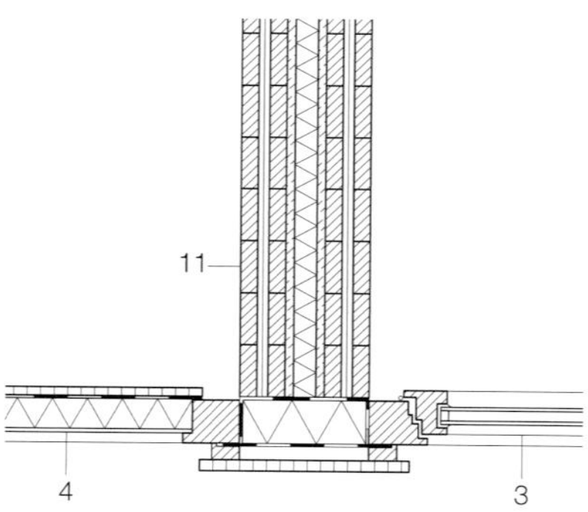

bb

Modulare Schulen in Zürich (CH)

Architekten:	Bauart Architekten und Planer AG, Bern/Neuchâtel/Zürich Willi Frei, Raffael Graf, Stefan Graf, Peter C. Jakob, Emmanuel Rey, Yorick Ringeisen
Tragwerksplaner:	Ruggli & Partner Bauingenieure, Zürich
Holzbauunternehmen:	Blumer-Lehmann AG, Gossau
Fertigstellung:	1. Generation 1998–2012, 2. Generation seit 2012

Das System Züri-Modular, das temporären Raum für Schulen, Kindergärten und Tagesstätten bietet, wurde 1998 von Architekten entwickelt, die zu diesem Zeitpunkt schon auf umfangreichen Erfahrungen im Raummodulbau aufbauen konnten. 2012 entstand die zweite Generation des Systems, die den erhöhten Anforderungen an Raumbedarf und Energieeinsparung Rechnung trägt und bis zu dreigeschossige Gebäude ermöglicht. Die Grundstruktur des Entwurfs besteht aus zwei Klassenzimmern pro Etage. Diese werden über einen zentralen Bereich mit Garderobe, Toiletten und Gruppenraum verbunden und durch ein außenliegendes Treppenhaus vertikal erschlossen. Die Klassenräume sind beidseitig belichtet und so weitgehend unabhängig von den Gegebenheiten des Standorts einsetzbar. Die tragenden Wände werden in Holzrahmenbauweise ausgeführt und mit Gipskarton bekleidet. Die Decken sind mit perforierten Akustikelementen versehen. Die Konstruktion bildet auch die Aspekte der Wiederverwendbarkeit ab, der Vorfertigungsgrad ist sehr hoch. Das Gebäude wird auf Einzelfundamenten abgetragen. Die Fassadenbekleidung aus naturbelassenem Holz ist im Werk vorgefertigt, vor Ort werden nur noch die Fugen zwischen den Elementen geschlossen. Die doppelte Kastendecke erfüllt die Schallschutzanforderungen, ein schwimmender Estrich ist nicht erforderlich. So wird bei den aus drei offenen Modulen bestehenden Klassenzimmern nur noch der Bodenbelag vor Ort verlegt. Das bewährte Raumzellen-System ist fester Bestandteil der Schulraumplanung Zürichs. Die Gebäude können leicht demontiert und versetzt werden. Bis heute wurden an rund 60 Standorten im Großraum Zürich über 1000 Module eingesetzt, bis 2025 sind weitere Standorte geplant.

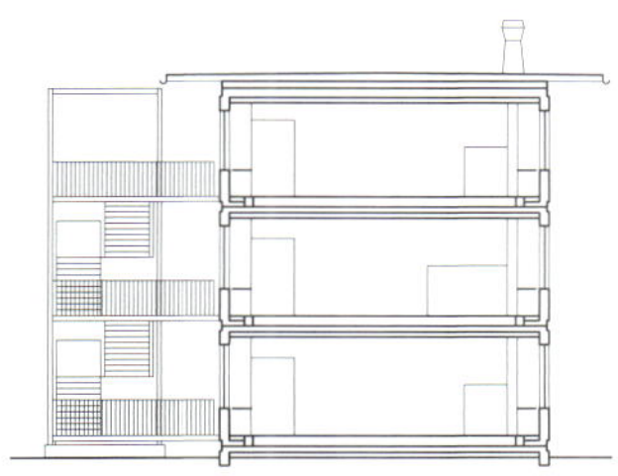

Schnitte • Grundriss Regelgeschoss
Maßstab 1:400

aa

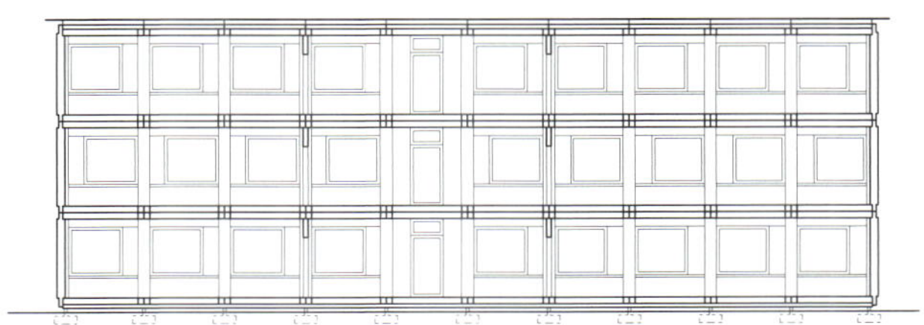

bb

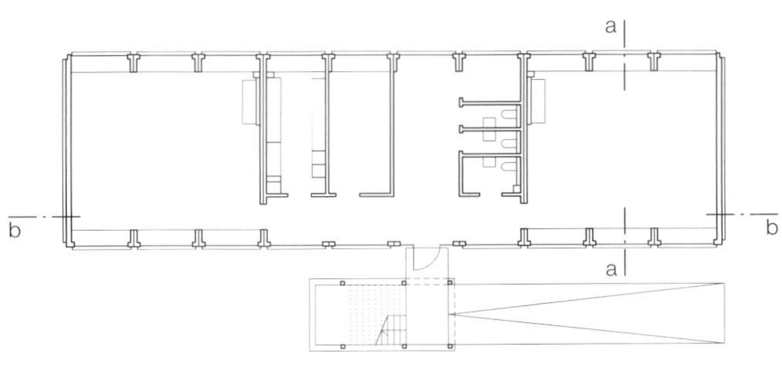

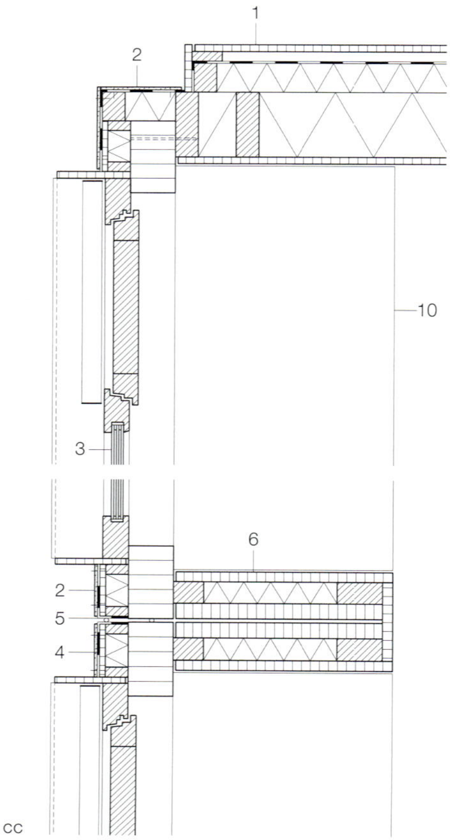
1
2
10
3
6
2
5
4
cc

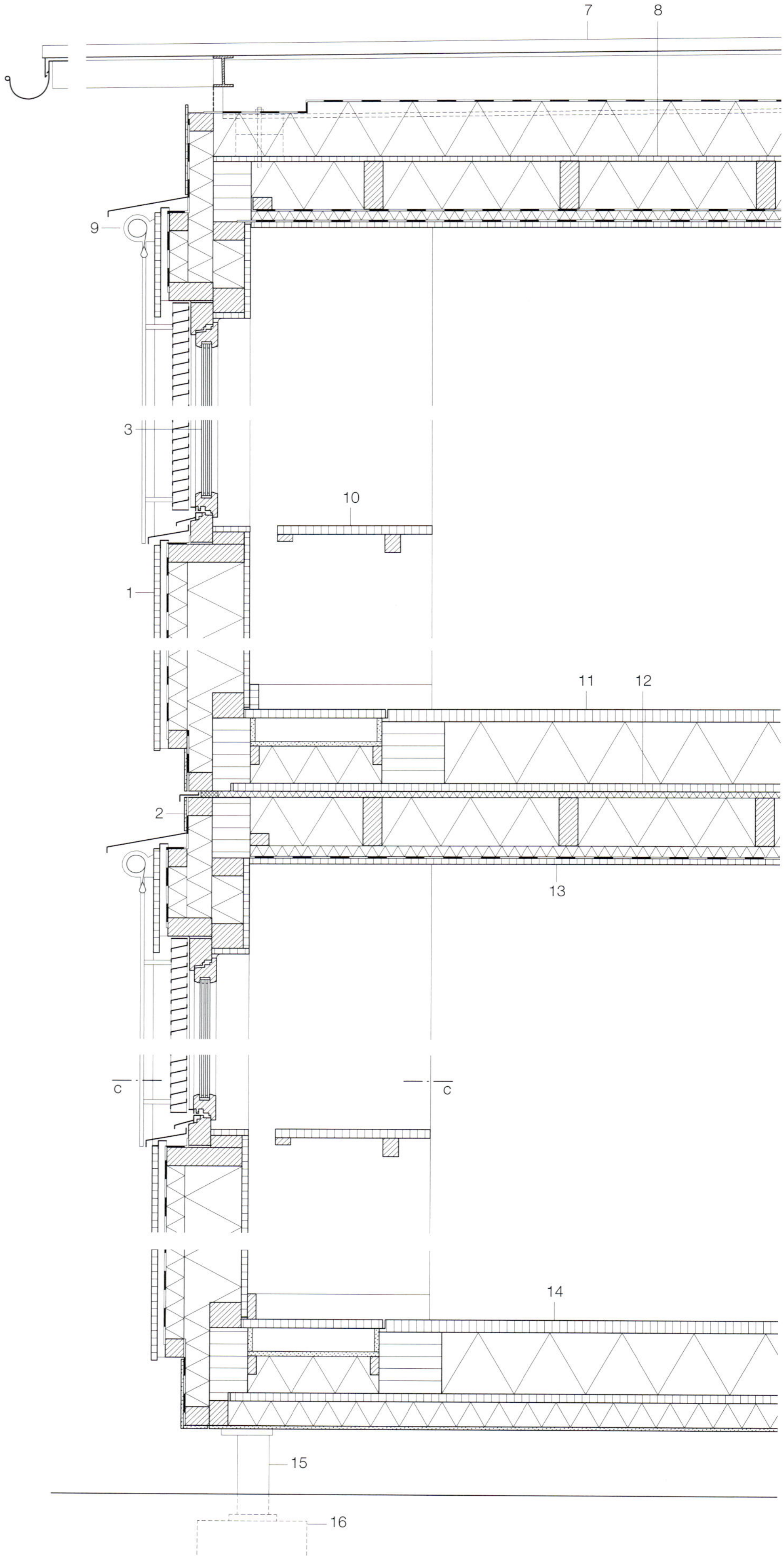
7
8
9
3
10
1
11
12
2
13
c
c
14
15
16

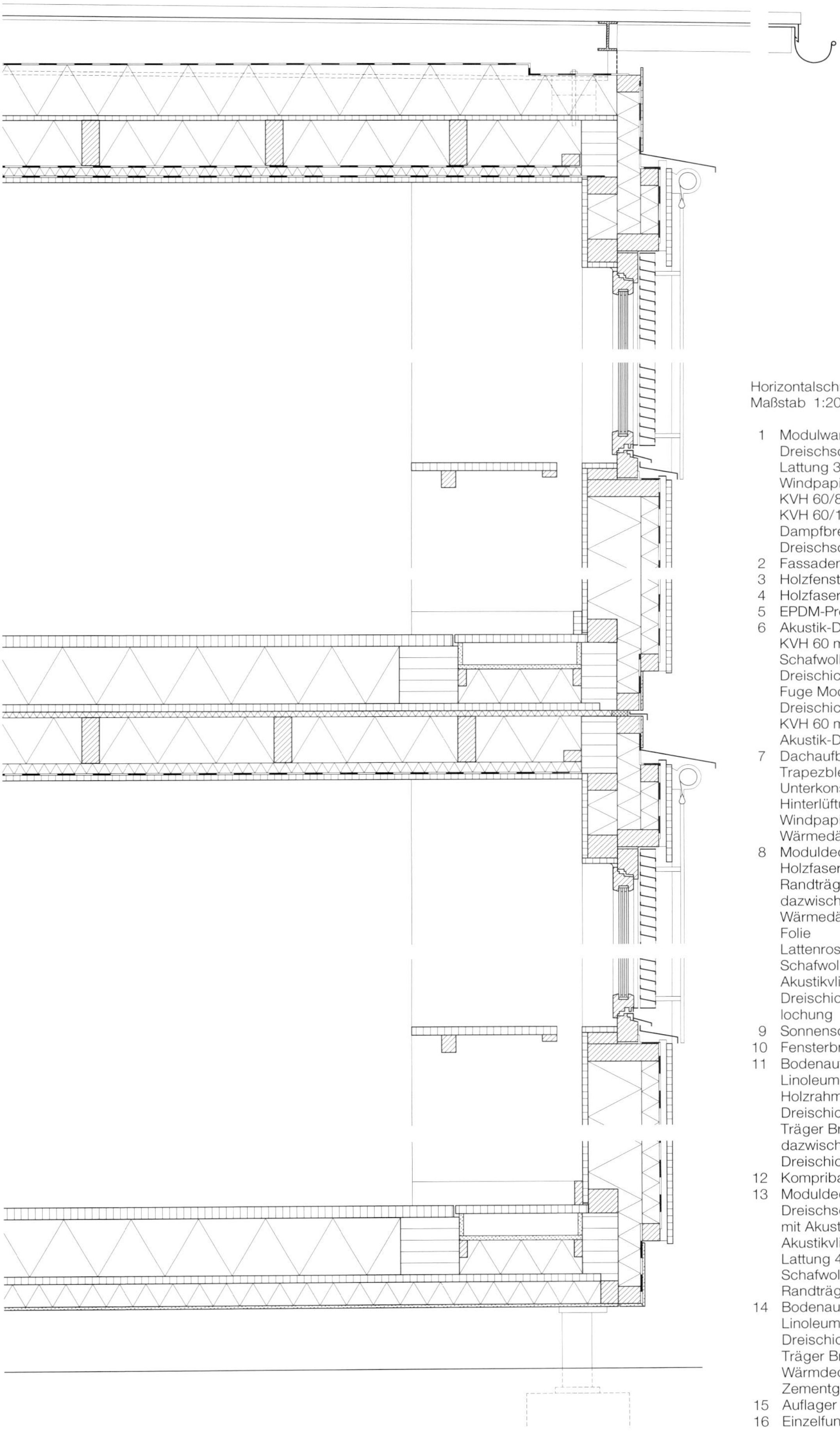

Horizontalschnitt • Vertikalschnitt
Maßstab 1:20

1 Modulwandaufbau Holzrahmenbau:
Dreischichtplatte Lärche unbehandelt 19 mm
Lattung 30/70 mm, Hinterlüftung
Windpapier
KVH 60/80, dazwischen Wärmedämmung
KVH 60/180, dazwischen Wärmedämmung mit Dampfbremse
Dreischichtplatte Fichte lasiert 19 mm
2 Fassadenplatte Steinwolle gepresst 8 mm
3 Holzfenster mit Isolierverglasung
4 Holzfaserplatte 16 mm
5 EPDM-Profil
6 Akustik-Dreischichtplatte Fichte lasiert 16 mm
KVH 60 mm dazwischen Wärmedämmung Schafwolle
Dreischichtplatte 42 mm
Fuge Modulstoß
Dreischichtplatte 42 mm
KVH 60 mm, dazwischen Schafwolle
Akustik-Dreischichtplatte Fichte lasiert 16 mm
7 Dachaufbau:
Trapezblech 1,5 mm
Unterkonstruktion Stahlprofile,
Hinterlüftung 80–400 mm
Windpapier
Wärmedämmung Mineralwolle 180 mm
8 Moduldecke Holzrahmenbau:
Holzfaserplatte 16 mm
Randträger Brettschichtholz 200/200 mm,
dazwischen Balkenlage KVH 60/160 mm mit Wärmedämmung Mineralwolle 160 mm
Folie
Lattenrost 40 mm, dazwischen Wärmedämmung Schafwolle
Akustikvlies
Dreischichtplatte Fichte 19 mm, mit Akustiklochung
9 Sonnenschutzrollo textil
10 Fensterbrett Dreischichtplatte gestrichen 27 mm
11 Bodenaufbau OG:
Linoleum 2,5 mm
Holzrahmenbauelement:
Dreischichtplatte Fichte 40 mm
Träger Brettschichtholz 200 mm
dazwischen Wärmedämmung Mineralwolle
Dreischichtplatte Fichte 27 mm
12 Kompriband 20 mm
13 Moduldecke Holzrahmenbau:
Dreischichtplatte Fichte 19 mm, mit Akustiklochung
Akustikvlies
Lattung 40/60 mm, dazw. Wärmedämmung Schafwolle
Randträger Brettschichtholz 200 mm
14 Bodenaufbau EG (Modul / Unterbau)
Linoleum 2,5 mm
Dreischichtplatte Fichte 40 mm
Träger Brettschichtholz 200 mm, dazwischen Wärmdedämmung Mineralwolle
Zementgebundene Spanplatte 12 mm
15 Auflager Stütze Stahlprofil 200 mm
16 Einzelfundament Stahlbeton

Bürogebäude in Wabern (CH)

Architekten:	W2 Architekten, Bern
Mitarbeiter:	Adrian Wiesmann (Projektleitung), Jan Micha Thielmann
Tragwerksplaner / Holzbauunternehmen:	ERNE AG Holzbau, Laufenburg
Fertigstellung:	2009

aa

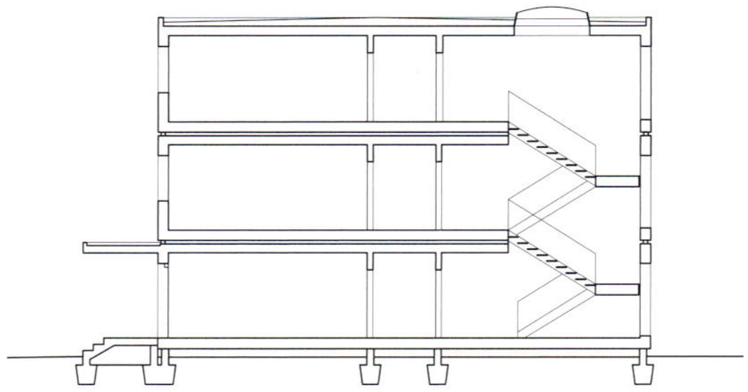

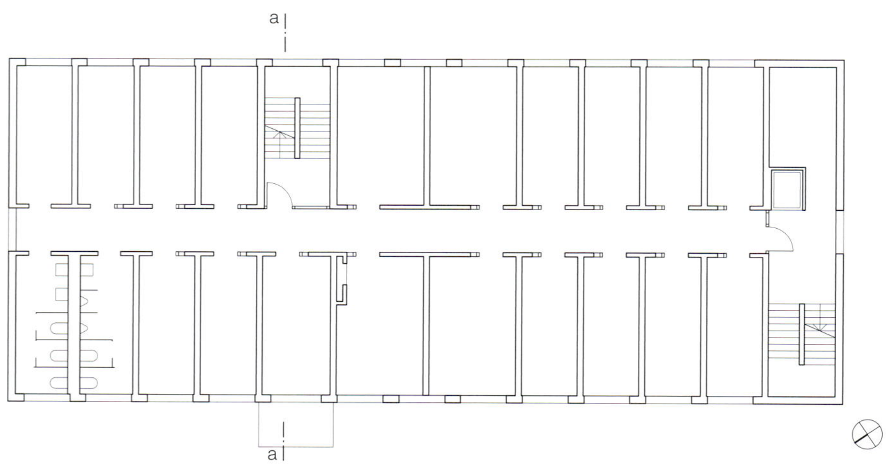

Für die Erweiterung des Schweizer Bundesamts für Migration im Bereich Asylbefragung wurden 2008 fünfzig neue Arbeitsplätze bewilligt, die auf einem brach liegenden Grundstück des Amts in einem Provisorium für mindestens zehn Jahre innerhalb kurzer Zeit bereitgestellt werden sollten. Das Raumprogramm besteht vorwiegend aus Einzelbüros, die aufgrund der vertraulichen Gespräche hohe Schallschutzanforderungen aufweisen müssen. Das sprach auch in Verbindung mit dem sehr engen zeitlichen Rahmen für die Ausführung in Raummodulbauweise.
Die Module sind in Rahmenbauweise erstellt und inklusive des Innenausbaus vorgefertigt. Die Wände wurden mit Gipsfaserplatten bekleidet. Die Decken sind teilweise abgehängt, teilweise wurden die geschliffenen OSB-Platten sichtbar belassen. Gebäudehülle und Haustechnik erfüllen den schweizerischen Minergie-Standard. Die Module lasten auf vier Streifenfundamenten im Bereich der Flur- und Außenwände und erstrecken sich über die gesamte Gebäudetiefe von 14 m. In der Breite folgen sie dem Achsraster von 2,45 m. Das statische System erlaubt auch die Ausbildung breiterer Räume: Da die Trennwände zwischen den Büros nicht tragend sind, konnten die Module auch offen oder mit einer Trennwand in Modulmitte angeliefert werden. Die Fassadenbekleidung aus großformatigen, dunkel lasierten Douglasie-Sperrholzplatten wurde bereits im Werk montiert. Die Fassadenbänder lassen die Bauweise nicht auf den ersten Blick erkennen, nur die im Bereich der Modulstöße zwischen den Geschossen angeordneten Bleche verweisen darauf. Die Gesamtlaufzeit des Projekts ist mit sechs Monaten sehr kurz, die reine Bauzeit betrug insgesamt drei Monate. 2013 wurde das Gebäude um einen weiteren viergeschossigen Flügel erweitert und teilweise aufgestockt.

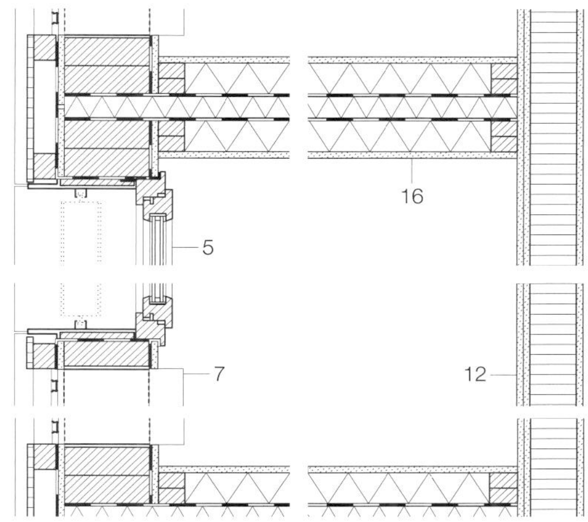

Schnitt • Grundriss Regelgeschoss
Maßstab 1:300
Horizontalschnitt • Vertikalschnitt
Maßstab 1:20

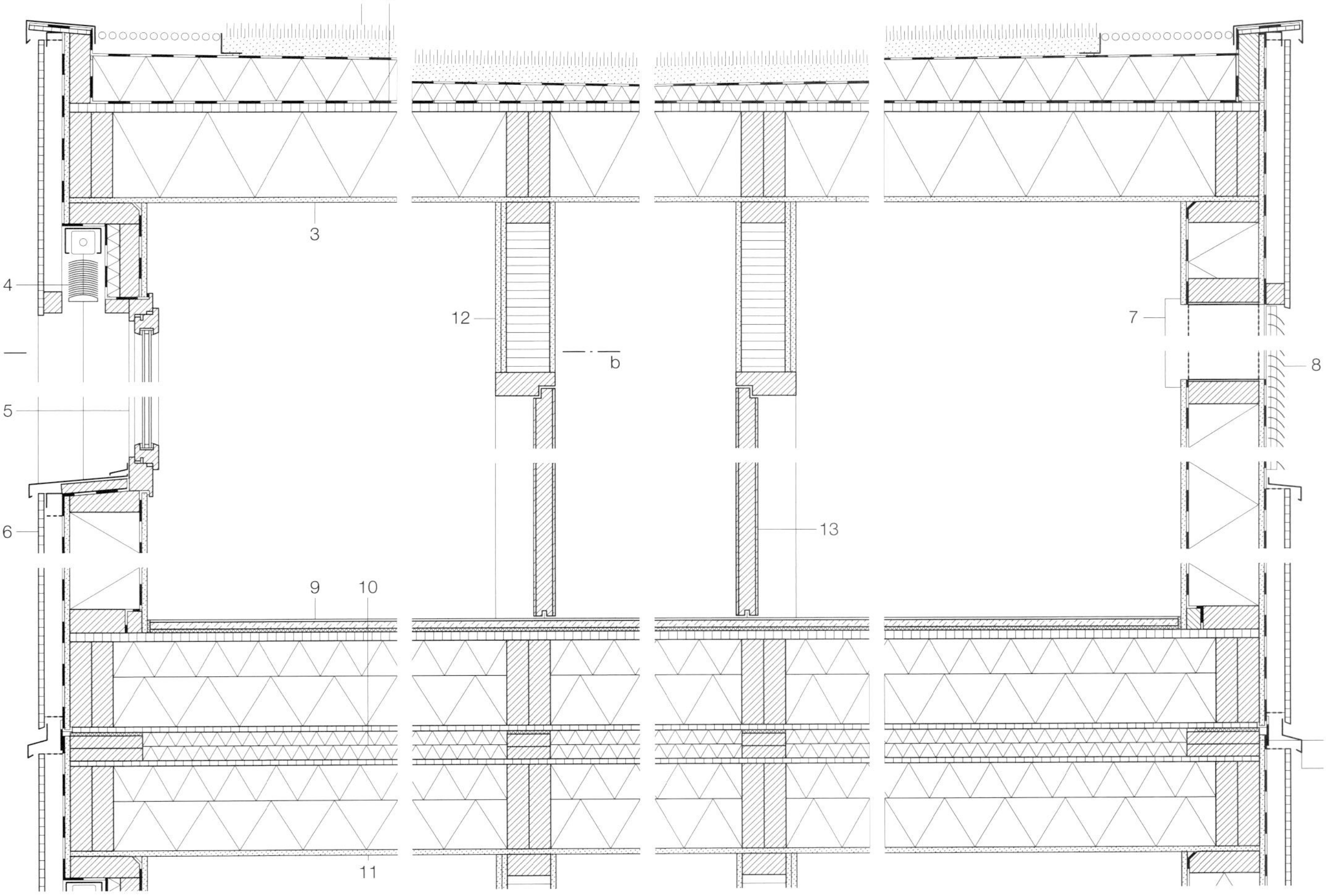

1 Dachaufbau:
extensive Begrünung 60 mm
Drainschutzbahn
Abdichtung Kunststoffbahn
Wärmedämmung EPS 40–140 mm
Dampfsperre
2 Modul Holzrahmenbau:
OSB-Platte 25 mm nagelpressverleimt
KVH Duobalken 60/240 mm, 120/240 mm
Wärmedämmung Mineralwolle 240 mm
Gipsfaserplatte gespachtelt 15 mm
3 abgehängte Deckensegel mit
Heiz-/Kühlfunktion
4 Sonnenschutz:
Aluminiumlamellen
5 Holzfenster mit Isolierverglasung
6 Wandaufbau Modul:
Sperrholzplatte Douglasie sägerau 15 mm
Lattung 50/60 mm, Hinterlüftung
Holzrahmenbauelement:
Winddichtung
Gipsfaserplatte 15 mm
Ständer KVH Duobalken 60/200 mm, dazwischen Wärmedämmung Mineralwolle 200 mm
Dampfsperre
Gipsfaserplatte gespachtelt 15 mm
7 Lüftungsgerät mit Wärmerückgewinnung
8 Wetterschutz- und Lüftungsgitter:
Aluminiumlamellen
9 Bodenaufbau Modul:
Linoleum 2,5 mm
Estrichelement mit Trittschalldämmung 30 mm
Holzrahmenbauelement:
OSB-Platte 25 mm nagelpressverleimt
mit Träger KVH Duobalken 60/240 mm,
120/240 mm dazwischen Dämmung 140 mm
OSB-Platte 15 mm nagelpressverleimt
10 Hohlraumdämmung Mineralwolle 40 mm
11 Deckenaufbau Modul Holzrahmenbau:
Gipsfaserplatte 15 mm
Träger KVH Duobalken 60/240 mm, dazwischen Wärmedämmung Mineralwolle 140 mm
OSB-Platte 15 mm nagelpressverleimt
12 Innenwandaufbau Zimmer/Flur:
Gipsfaserplatte gespachtelt, 2× 15 mm
BSH 120 mm als Aussteifung
Gipsfaserplatte 15 mm
13 Türblatt 58 mm:
Kern Eiche massiv zwischen
hochdichten Faserplatten
14 Modulstoß Fassade:
Schwelle KVH Duobalken 80/200 mm
15 Aluminiumblech gekantet
16 Trennwand Holzrahmenbau:
Gipsfaserplatte 15 mm gespachtelt
Ständer KVH Duobalken 60/80 mm, dazwischen Wärmedämmung Mineralwolle 80 mm
Winddichtung
Fuge Modulstoß 50 mm
Winddichtung
Wärmedämmung 80 mm
Ständer KVH Duobalken 60/80 mm
Gipsfaserplatte 15 mm gespachtelt

Europäische Schule in Frankfurt am Main (DE)

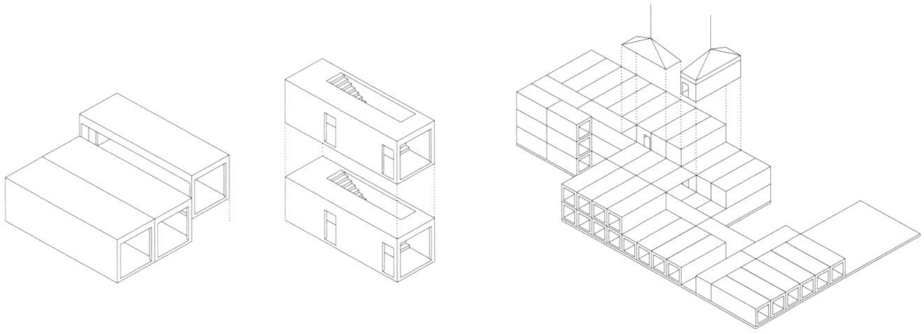

Architekten:	NKBAK, Frankfurt am Main Nicole Kerstin Berganski, Andreas Krawczyk
Mitarbeiter:	Simon Bielmeier, Larissa Heller
Tragwerksplaner:	Bollinger + Grohmann, Frankfurt am Main (Massivbau) merz kley partner, Dornbirn (Holzbau)
Holzbauunternehmen:	Kaufmann Bausysteme, Reuthe
Fertigstellung:	2015

Die Erweiterung der bestehenden Schule wurde durch Umstrukturierung der Europäischen Zentralbank kurzfristig erforderlich. Das neue Gebäude war nur als temporärer Bau genehmigungsfähig und wurde innerhalb von 17 Monaten von der Planungsanfrage bis zum Nutzungsbeginn realisiert. Der Terminrahmen des öffentlichen Bauvorhabens wurde durch ein innovatives Vergabemodell mit funktionaler Ausschreibung ermöglicht. 400 Schüler werden räumlich getrennt in Vor- und Grundschule unterrichtet. Der Entwurf sah bereits die Erweiterung der Grundschule an der Nordseite vor, die zwischenzeitlich realisiert wurde. Die Architekten kombinierten die Module mit Flurdecken-Elementen und Glasfassaden zu differenzierten Raumfolgen mit wechselnd ein- und zweihüftiger Erschließung und vielfältigen Außenraumbezügen. Der Entwurf baut auf einem Raster von 3 × 9 m auf. In diesem sind Klassenräume, Nebenräume, Sanitärbereiche und Treppenhäuser organisiert und komplett als Brettsperrholz-Raummodule konstruiert. Die Deckenplatten der Flure sind zwischen die Module eingehängt oder auf Brettschichtholz-Stützen aufgelegt. Je drei Module bilden einen Klassenraum. Unterzüge aus hoch belastbarem Buchenfurnierschichtholz überspannen die Module in Längsrichtung. Der wetterdichte Rohbau ab der Bodenplatte wurde in 3,5 Wochen errichtet, die Fertigstellung nahm zwei Monate in Anspruch. Die Module sind mit Innensichtoberflächen, Fenstern und Haustechniksträngen vorgefertigt. Lediglich Bodenaufbau und Aluminiumfassade wurden vor Ort ergänzt. Das Gebäude erfüllt die Feuerwiderstandsdauer von 30 Minuten über Abbrand. Nur in den farbig gestalteten Treppenhäusern ist das Brettsperrholz mit einer Brandschutzbekleidung versehen, in allen anderen Bereichen bleibt es naturbelassen.

Isometrie Montageabfolge
Schnitt • Grundrisse
Maßstab 1:500

1 Haupteingang
2 Klassenzimmer
3 Lehrerzimmer
4 Materialraum
5 Mensa
6 Aufwärmküche
7 Lager
8 Bewegungsraum
9 Gruppenraum für Vorschule
10 Spielflur

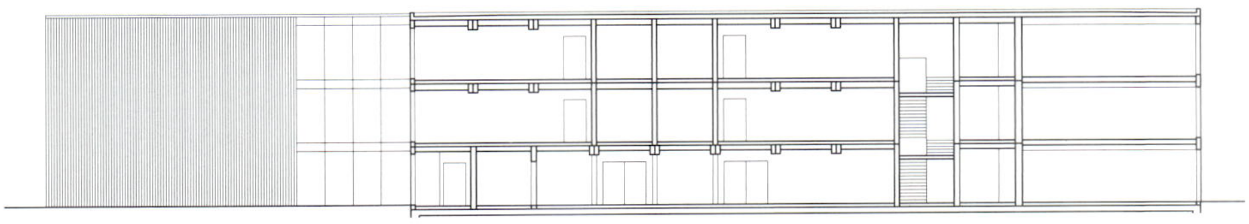

aa

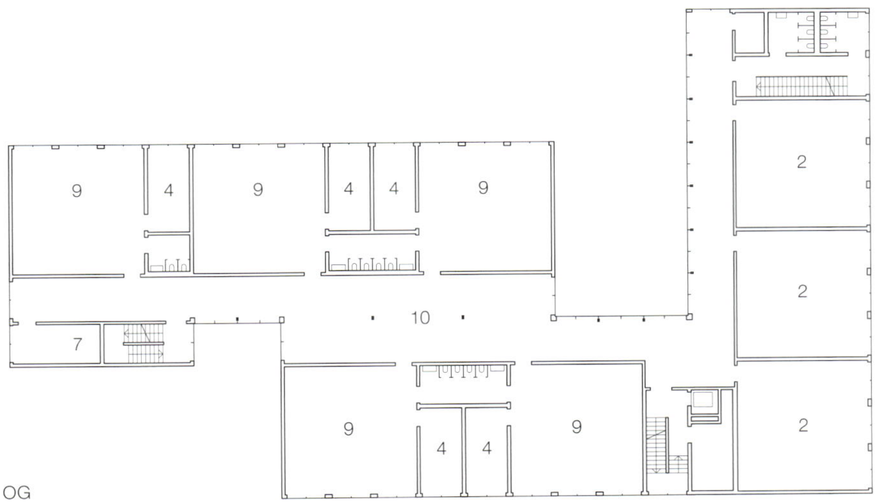

2. OG

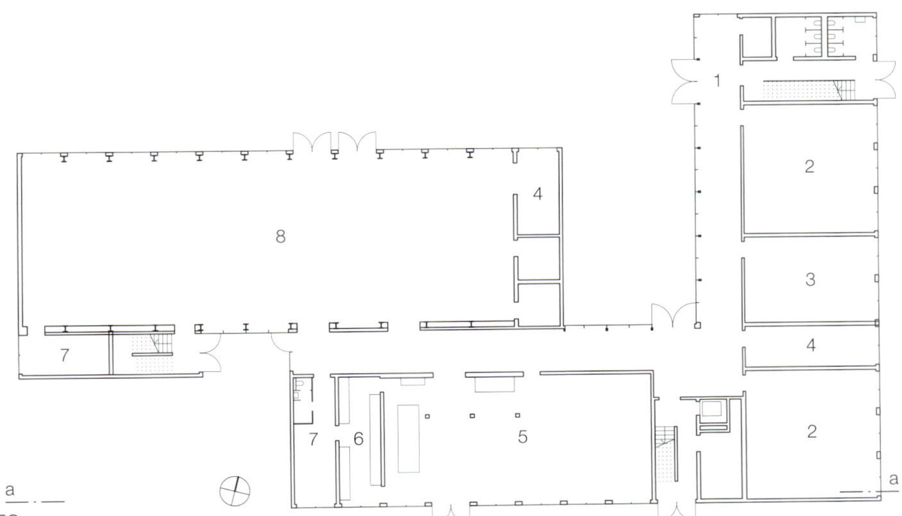

EG

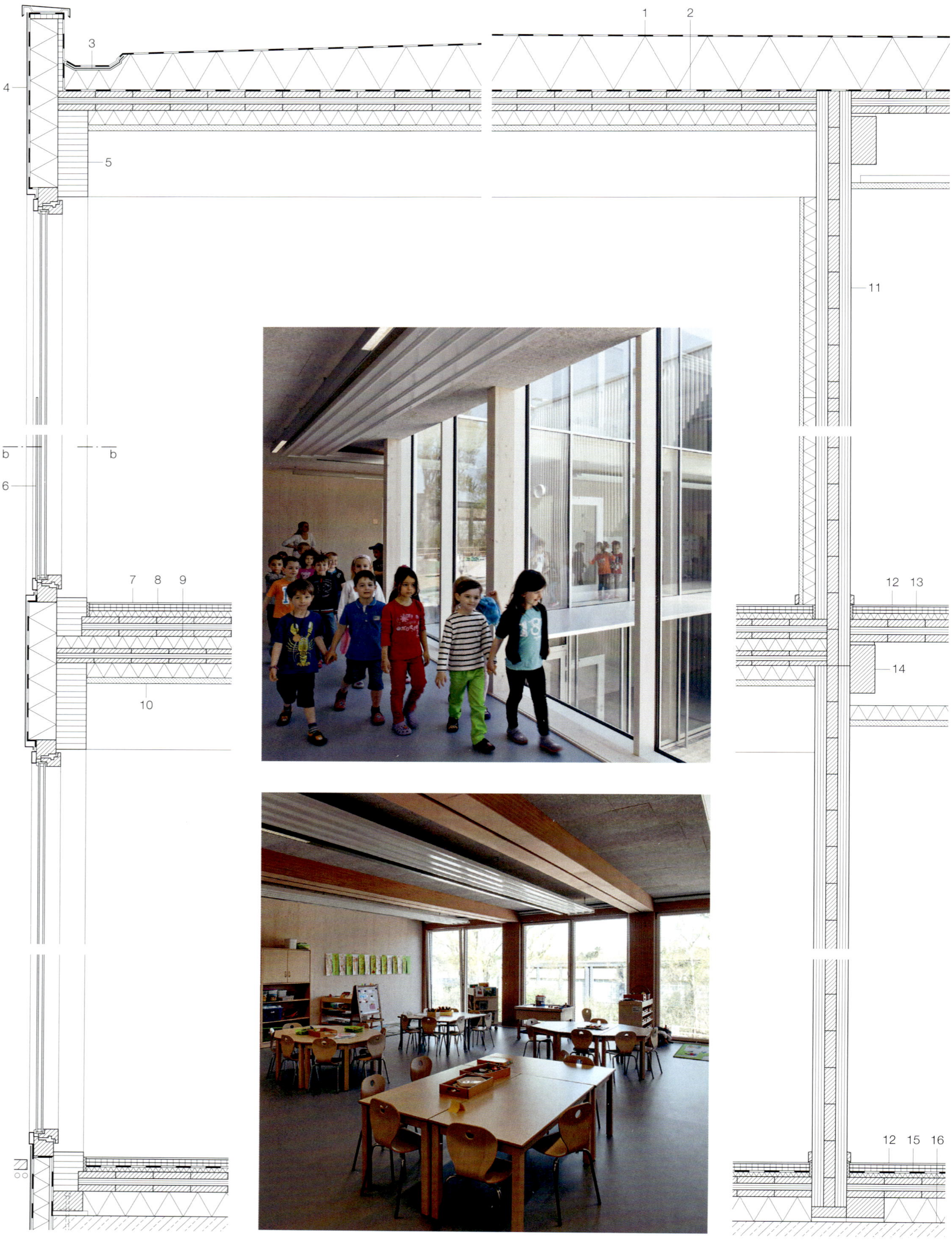
1
2
3
4
5
11
b
b
6
7
8
9
10
12
13
14
12
15
16

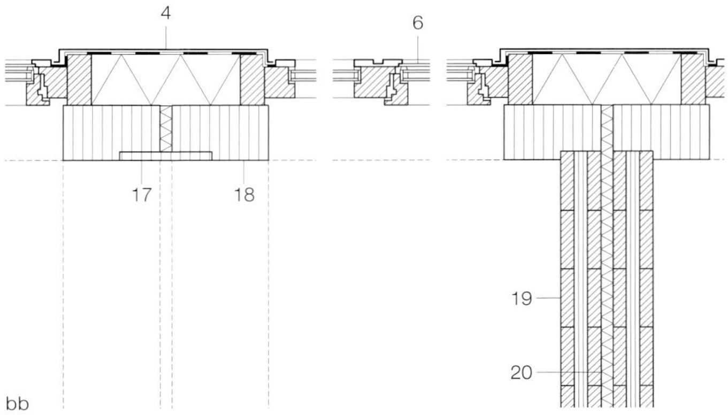

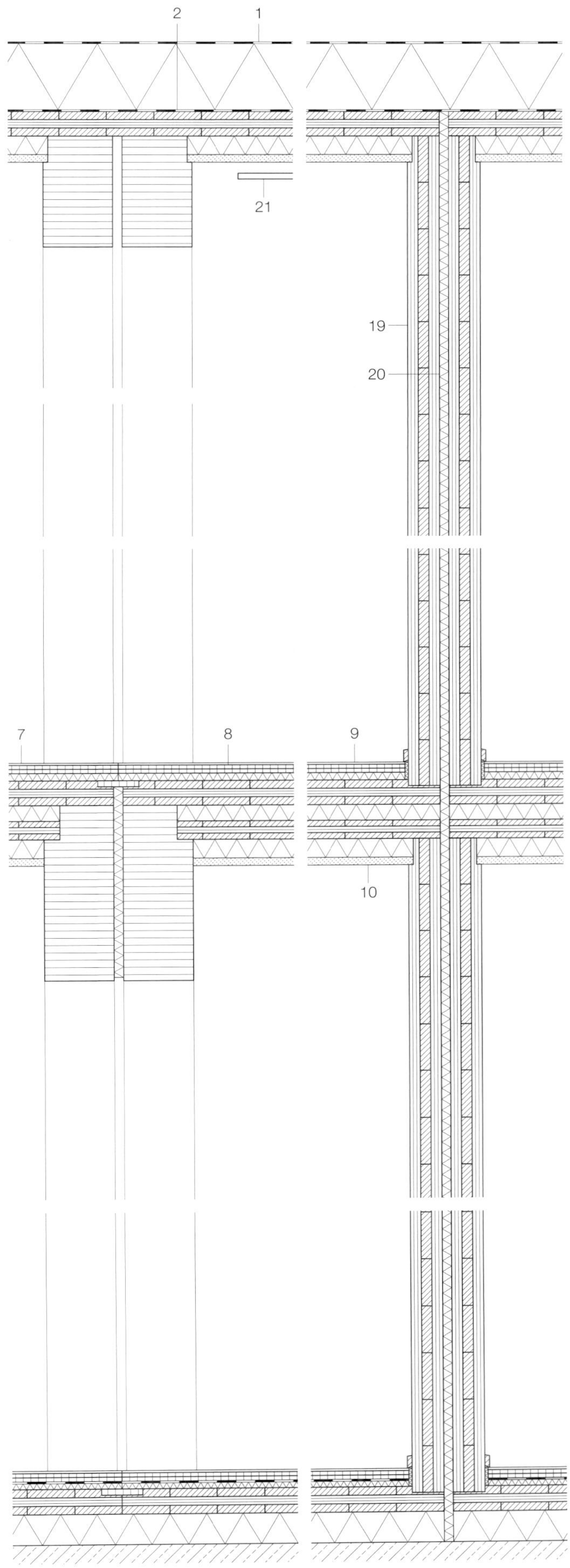

Vertikalschnitte • Horizontalschnitt
Maßstab 1:20

1 Dachaufbau (bauseits):
Abdichtung Kunststoffbahn
Gefälledämmung EPS min. 120 mm
2 Modul:
Dampfsperre
Brettsperrholz dreilagig 80 mm
Mineralwolle 50 mm
Holzwolle-Akustikplatte 25 mm
Träger Furnierschichtholz Buche 360/220 mm
3 Rinne Folienblech
4 Fassadenbekleidung (bauseits):
Aluminiumblech lackiert 1 mm
Windpapier
Mineralwolle 120 mm
5 Furnierschichtholz Buche 360/120 mm
6 Holz-Aluminium-Fenster mit in den Rahmen eingelassener Absturzsicherung
7 Bodenbelag Klassenzimmer:
Linoleum 2,5 mm (bauseits)
8 Modul:
Spanplatte verklebt 2× 16 mm
Trittschalldämmplatte 25 mm
Brettsperrholz dreilagig 80 mm
9 Mineralwolle 60 mm
10 Modul Decke Klassenzimmer:
Träger Furnierschichtholz Buche 360/220 mm
Holzwolle-Akustikplatte 25 mm
Mineralwolle 60 mm
Brettsperrholz dreilagig 60 mm
11 Brettsperrholz dreilagig 100 mm
Akustikdämmung 50 mm
Akustikpaneel perforiert
12 Bodenbelag Flur:
Linoleum 2,5 mm (bauseits)
13 Modul:
Spanplatte verklebt 2× 16 mm
Trittschalldämmplatte 25 mm
Brettsperrholz dreilagig 80 mm
Installationsraum 265 mm
Mineralwolle 60 mm
Holzwolle-Akustikplatte 25 m
14 Auflager Kantholz 100/200 mm
15 Modul:
Spanplatte verklebt 2× 16 mm
Dampfsperre, Trittschalldämmplatte 25 mm,
Brettsperrholz dreilagig 80 mm
Mineralwolle 80 mm
16 Bodenplatte Stahlbeton 300 mm
17 Abdeckung Furnierschichtholz Buche
18 Stütze Furnierschichtholz Buche 120/360 mm
19 Brettsperrholz dreilagig weiß lasiert 80 mm
20 Mineralwolle 30 mm
21 Deckenradiator

hämmerle
hämmerle
hämmerle

Autoren

Wolfgang Huß
Prof. Dipl.-Ing. Architekt
1994–2000 Architekturstudium an der Technischen Universität München (TUM) und an der ETSA Madrid, Diplom 2000 an der TUM
2000–2007 Mitarbeit bei SPP Sturm, Peter + Peter in München
2007–2016 Wissenschaftlicher Mitarbeiter an der TUM Professur für Entwerfen und Holzbau Prof. Hermann Kaufmann mit Tätigkeit in Forschung und Lehre
seit 2013 Büro HKS Architekten mit Martin Kühfuss und Christian Schühle
seit 9/2016 Professor für Industrialisiertes Bauen und Fertigungstechnik an der Hochschule Augsburg

Matthias Kaufmann
Dipl.-Ing. (FH)
1998–2004 Höhere Technische Lehranstalt (HTL) in Ranweil – Bereich Hochbau
2004 Zimmerer bei Kaufmann Zimmerei und Tischlerei GmbH
2005–2006 Soziales Jahr beim Roten Kreuz in Egg
2006–2008 Techniker bei Kaufmann Bausysteme in Reuthe
2008–2010 Projektbearbeitung bei Bere Architects in London
2010–2012 berufsbegleitendes Fernstudium Bauingenieurwesen an der HTWK in Leipzig
2016–2017 berufsbegleitend Holzbaumeisterprüfung
seit 2010 Mitarbeit im Familienunternehmen Kaufmann Zimmerei und Tischlerei GmbH
2017 Einstieg in die Geschäftsführung Kaufmann Zimmerei und Tischlerei GmbH

Konrad Merz
Dipl.-Ing.
1984 Diplom als Bauingenieur, FH Nordwestschweiz
1995 Diplom Wirtschaftsingenieur
1984–1986 Projektleiter bei einem Brettschichtholzhersteller
1986–1990 Assistent am Lehrstuhl für Holzkonstruktionen, ETH Lausanne
1990–1993 Senior Structural Engineer, MacMillan Bloedel Research, Vancouver, Kanada
seit 1994 Geschäftsführer bei merz kley partner, AT-Dornbirn / CH-Altenrhein
seit 2015 Lehrgangsleitung Universitätslehrgang überholz an der Kunstuniversität Linz

Literatur

Absatzförderungsfonds der deutschen Holz- und Forstwirtschaft (Hrsg.): Energieeffiziente Bürogebäude. holzbau handbuch Reihe 1, Teil 2, Folge 4, Juni 2009

Arbeitsgemeinschaft Holz e. V. u. a. (Hrsg.): Industrie- und Gewerbebauten. holzbau handbuch Reihe 1, Teil 8, Folge 3, Dezember 2001

Bereuter, Martin; Robert Fabach u. a.: Holzmodulbau, Begleitheft zur Ausstellung im Werkraum Bregenzerwald. Andelsbuch 2016

Dworschak, Gunda; Wenke, Alfred: Der neue Systembau. Düsseldorf 1999

Huth, Steffen: Bauen mit Raumzellen. Analyse einer Baumethode. Wiesbaden/ Berlin 1975

Janser, Andres: Raumzellen für Modul-Holzbausystem. In: Schweizer Ingenieur und Architekt, 13/1996, S. 9–12

Junghanns, Kurt: Das Haus für alle. Zur Geschichte der Vorfertigung in Deutschland. Berlin 1994

Kapfinger, Ott; Wieler, Ulrich (Hrsg.): Riess Wood³ Modulare Holzbausysteme. Wien 2007

Luchsinger, Christoph: Raumzellen. Überbauung Hurdacker, Dübendorf 1996–1997. Architekten: Werner Egli, Hans Rohr, Baden. In: Werk, Bauen + Wohnen 04/1998 S. 36–41

Noel, Matthias: Des Architekten liebstes Spiel. Baukunst aus dem Baukasten. In: Figurationen 01/2004 S. 23–40

Pracht, Klaus: Holzbausysteme. Köln-Braunsfeld 1981

Raumzellen aus Kunststoffen für ein- und mehrgeschossige Bauwerke. Architekten Ralf Schüler und Ursulina Witte, Berlin 1967. In: Das Werk. Architektur und Kunst. Architektur und Kunst 06/1968, S. 358–359

Schärli-Graf, Otto: Eine Methode des industrialisierten Bauens: Raumzellen. In: Wohnen 01/1969, S. 10–12

Staib, Gerald; Dörrhöfer, Andreas; Rosenthal, Markus: Elemente + Systeme. Modulares Bauen. Entwurf, Konstruktion, neue Technologien. München u. a. 2008

Stucky, Fritz; Meuli, Rudolf: Mehrfamilienhaus nach System Elcon. Das Werk. Architektur und Kunst 04/1966

Technische Universität Berlin, Lehrstuhl für Entwerfen, Prof. Oswald Mathias Ungers: Wohnungssysteme in Raumzellen. Broschüre zum Seminar. Leitung Joachim Schlandt. Berlin 1969

Tulamo, Tomi-Samuel (Hrsg.) u. a.: smartTES. Innovation in timber construction for the modernisation of the building envelope. München 2014

Wachsmann, Konrad: Holzhausbau – Technik und Gestaltung. Berlin 1930

Wachsmann, Konrad: Wendepunkt im Bauen. Wiesbaden 1959

Bildnachweis

Allen, die durch Überlassung ihrer Bildvorlagen, durch Erteilung von Reproduktionserlaubnis und durch Auskünfte am Zustandekommen des Buches mitgeholfen haben, sagen die Autoren und der Verlag aufrichtigen Dank. Sämtliche Zeichnungen in diesem Werk sind eigens angefertigt, im Projektbeispielteil auf Basis der Architektenpläne. Nicht nachgewiesene Fotos stammen aus dem Archiv der Architekten oder aus dem Archiv der Zeitschrift Detail. Trotz intensiven Bemühens konnten wir einige Urheber der Fotos und Abbildungen nicht ermitteln, die Urheberrechte sind aber gewahrt. Wir bitten in diesem Fall um Nachricht.

Titel

Studentenwohnheim Woodie in Hamburg (DE) 2017, Sauerbruch & Hutton
Foto: Thomas Ebert

Rubrikeinführende Fotos

Seite 8: Integrierte Gesamtschule, Frankfurt-Riedberg (DE) 2016, NKBAK
Foto: Thomas Mayer

Seite 64: Studentenwohnheim Woodie in Hamburg (DE) 2017, Sauerbruch Hutton
Foto: Jan Bitter

Seite 106: Transport eines Raummoduls für ein Hotel in Nördlingen (DE) 2018, Kaufmann Zimmerei und Tischlerei
Foto: Siegfried Mäser

Vorwort

1 Mikko Auerniitty

Entwicklung

1 aus: Pawley, Martin: Theorie und Gestaltung im zweiten Maschinenzeitalter. Braunschweig 1998. S. 108
2 Huth, Steffen: Bauen mit Raumzellen. Analyse einer Baumethode. Wiesbaden/ Berlin 1975, S. 165
3 aus: Detail 1–2/1970, S. 58
4 aus: Raumzellen aus Kunststoffen für ein- und mehrgeschossige Bauwerke: 1967 Architekten Ralf Schüler und Ursulina Witte, Berlin. In: werk 6/1968, S. 358
5 aus: Janser, Andres: Raumzellen für Modul-Holzbausystem. In: Schweizer Ingenieur und Architekt, 13/1996, S. 9
6 Tomio Ohashi
7 aus: Pracht, Klaus: Holzbausysteme. Köln-Braunsfeld 1981, S. 143
8b ERNE AG Holzbau, Laufenburg

9 merz kley partner
11 Architekturhaus Wienerstrasse, Graz
12 Architekturhaus Wienerstrasse, Graz
13 Berghof Fetz
14 Ignazio Martinez
15 Eva Schönbrunner

Entwurf und Typologie
2b Stefan Müller-Naumann
3 Kampa GmbH
4 ARTEC
5 aus: Kaufmann, Hermann; Krötsch, Stefan; Winter, Stefan: Atlas Mehrgeschossiger Holzbau. München 2017, S. 146
6 Architekturhaus Wienerstrasse, Graz
7 Thomas Mayer
9b Janez Martincic
17 Tulamo, Tomi-Samuel (Hrsg.) u. a.: smartTES. Innovation in timber construction for the modernisation of the building envelope. München 2014, S. 6
19a ERNE AG Holzbau, Laufenburg / Foto: Marcel Kultscher
19b ERNE AG Holzbau, Laufenburg / Foto: Marcel Kultscher
20 Jan Bitter

Holzbaukonstruktionen
2 Kaufmann Bausysteme
4 merz kley partner
5 merz kley partner
7 nach: Kaufmann, Hermann; Krötsch, Stefan; Winter, Stefan: Atlas Mehrgeschossiger Holzbau. München 2017, S. 39
8 merz kley partner
9 Kaufmann Bausysteme
10 Kaufmann Bausysteme
18 Kaufmann Bausysteme
19 Kaufmann Bausysteme
20 Kaufmann Bausysteme

Schichten – Hülle – Technik
7a Rasmus Norlander
7b Architekturhaus Wienerstrasse, Graz
7c Götz Wrage
7d Mikko Auerniitty
8 RADON photography / Norman Radon
11 Alexander Gempeler
12 RADON photography / Norman Radon
15b Philippe Ruault
15c RADON photography / Norman Radon
15d Thomas Mayer
17 Siegfried Mäser
18 Siegfried Mäser
19 Siegfried Mäser

Prozess
1 Siegfried Mäser
4a Erne AG Holzbau, Laufenburg / Foto: Gataric Fotografie
4b Erne AG Holzbau
5 Erne AG Holzbau
6b Siegfried Mäser
7a Siegfried Mäser
7b Siegfried Mäser
7c Siegfried Mäser
7d Siegfried Mäser
7e Siegfried Mäser
7f Siegfried Mäser
7g Siegfried Mäser
7h Siegfried Mäser
7i Siegfried Mäser
7j Siegfried Mäser
8 nach: proHolz Austria (Hrsg.): Zuschnitt 09/2017, S. 6 und Kaufmann, Hermann; Krötsch, Stefan; Winter, Stefan: Atlas Mehrgeschossiger Holzbau. München 2017, S. 145
9 Hämmerle Spezialtransporte GmbH
10 Hämmerle Spezialtransporte GmbH
11a Siegfried Mäser
11b Siegfried Mäser

Projektbeispiele
S. 64 Jan Bitter
S. 66 Adolf Bereuter
S. 67 oben Adolf Bereuter
S. 67 Mitte Adolf Bereuter
S. 67 unten Kaufmann Zimmerei und Tischlerei; Adolf Bereuter / BMW Group
S. 68 Mitte Kaufmann Zimmerei und Tischlerei; Adolf Bereuter / BMW Group
S. 68 unten Kaufmann Zimmerei und Tischlerei; Adolf Bereuter / BMW Group
S. 69 sitka.kaserer.architekten zt-gmbh (DI Norbert Haiden
S. 70 sitka.kaserer.architekten zt-gmbh (DI Norbert Haiden)
S. 71 links sitka.kaserer.architekten zt-gmbh (DI Norbert Haiden)
S. 72 unten RADON photography / Norman Radon
S. 73 oben RADON photography / Norman Radon
S. 74 Sascha Kletzsch
S. 75 Sascha Kletzsch
S. 76 Sascha Kletzsch
S. 77 ARTEC
S. 78 oben links Morten Pedersen, Inviso
S. 78 oben rechts Morten Pedersen, Inviso
S. 78 unten links ARTEC
S. 78 unten rechts ARTEC
S. 79 ARTEC
S. 80 Jan Bitter
S. 81 Jan Bitter
S. 82 Jan Bitter
S. 83 Jan Bitter
S. 84 oben Archipicture, Dietmar Tollerian
S. 84 unten links Andrew Phelps
S. 84 unten rechts Andrew Phelps
S. 85 Andrew Phelps
S. 86 Mikko Auerniitty
S. 87 Mikko Auerniitty
S. 88 oben Mikko Auerniitty
S. 88 unten Mikko Auerniitty
S. 89 Philippe Ruault
S. 90 Philippe Ruault
S. 91 oben Philippe Ruault
S. 91 Mitte Philippe Ruault
S. 91 unten Philippe Ruault
S. 92 RADON photography / Norman Radon
S. 93 RADON photography / Norman Radon
S. 94 Olaf Mahlstedt
S. 95 oben Olaf Mahlstedt
S. 95 Mitte oben Olaf Mahlstedt
S. 95 Mitte unten Olaf Mahlstedt
S. 95 unten Olaf Mahlstedt
S. 97 oben Rasmus Norlander
S. 97 Mitte Bauart
S. 97 unten Bauart
S. 98 oben Rasmus Norlander
S. 98 Mitte Rasmus Norlander
S. 100 oben Nadja Frey
S. 100 unten Mitte Erne AG Holzbau
S. 100 unten rechts Erne AG Holzbau
S. 102 Thomas Mayer / thomasmayerarchive.de
S. 103 oben Thomas Mayer / thomasmayerarchive.de
S. 103 Mitte RADON photography / Norman Radon
S. 103 unten RADON photography / Norman Radon
S. 104 Mitte Thomas Mayer / thomasmayerarchive.de
S. 104 unten Thomas Mayer / thomasmayerarchive.de

Sachregister